# 異種接合材の
# 材料力学と応力集中

工学博士 野田　尚昭
博士（工学）堀田　源治　共著
博士（工学）佐野　義一
博士（工学）髙瀬　康

コロナ社

# はじめに

　安全と安心を求める社会的潮流の中にあって，最近の構造物には高機能，高強度，軽量化という本来は相反する性質が要求されている．この目的に沿うために，最近では，異なる材料を組み合わせた異種接合材によって多くの構造物が構成されている．特に，自動車や電子・電機分野において，異材接合技術が積極的に利用されており，企業の技術者の関心が高まっている．例えば，金属と樹脂との接合のように，従来では困難とされた異種材料の接合技術の革新は目覚ましいものがある．このように，新たな材料を組み合わせることで，製品の軽量化や機能・性能の向上，コスト削減に寄与するものと期待されている．しかし，接合界面では異なる材料の性質に起因する応力集中を生じることに技術者はつねに留意する必要がある．

　本書においては，このような異種接合材の材料力学的な問題を，大きく三つの観点から取り上げて説明したい．具体的には，異種材料を組み合わせた際の，（1）平均的弾性係数（等価弾性係数という），（2）応力集中，（3）接着構造の強度，の異なる三つの観点を対象とする．これらは，いずれも異種接合材の力学の基礎となるものである．本書ではそれぞれの基本的な考え方を説明することから始めて，従前の書物には見られない新しい研究成果についてまで紹介する．

　一つめの観点は，異なる材料を組み合わせた複合材料としての弾性係数に関するものである．それぞれの構成材料に分担される外力の割合を考える上で，通常，構成材料の体積率をおもなパラメータとして計算されることが多いが，全体の弾性係数を支配するパラメータとして必ずしも十分ではない．そこで，本書では構成材料の投影面積率という新たな考え方を導入し，これら二つのパラメータの導入によって，全体の平均的な縦弾性係数（等価縦弾性係数）を評

価する方法を紹介する．このような手法を理解すれば，どのような構成材料をどのように配置すれば要求される性質が得られるかをシミュレーションによって求めることができて，異材接合材料をニーズに合うように設計することが可能であり，その新しい応用が期待できる．

　二つめの観点は，母材中にだ円形ならびに回転だ円体状介在物が分散されて存在するときの応力集中の考え方に関するものである．応力集中として，例えば円孔を有する広い板では応力集中が3となることは設計技術者にはよく知られている．それに比べて，母材と比べて剛性の大きな介在物の応力集中は1以下であるといった誤った見方がなされてきた．確かに，荷重軸と直角をなす主軸端（赤道上）の応力集中は1以下となるが，荷重軸と一致する軸端（極点）の応力集中は1以上となることに注意する必要がある．特に，介在物の応力集中問題は介在物と母材の弾性係数が影響するので，より複雑な問題となる．そこで，本書では，2次元の円形介在物と3次元の球状介在物のような基本的な場合から複数個の介在物の干渉問題まで含めて，厳密な解法が可能である体積力法の結果に基づいて統一的に説明を行う．これらは異種材料接合により生じる応力集中を理解するため，まず学ぶべき基本問題であり，例えば，高強度鋼の疲労破壊起点となる介在物の影響を考える上でも必要となる．この例のように，あらゆる実用材料は複合材としての性質をある程度有するので，その応用範囲は広い．

　三つめの観点は，接着構造材の強度評価に関するものである．接着技術の進歩は機械や構造物をはじめ，最近の新規製品や軽量化・コンパクト製品などの開発を支える基盤技術として重要な役割を果たしている．また，接着技術の発展に依存している産業分野は大変広く，その技術開発には多くの研究者，技術者が関心を寄せている．しかし，一方で，形状が変化しない単純な長方形状板の引張りでも，それに接着部があると接着剤が異種材料とみなされるため，接合界面端部に大きな応力集中が生じる．このことは現在でもしばしば見逃されるので技術者は十分に注意する必要がある．特に，本書ではその無限大となる応力集中の強さを有限要素法で正確に評価する方法を提案するとともに，その

接着接合板の強度評価方法の有用性を示す。

　以上述べたように，本書は異種材料接合材に関連するすべてを網羅するものではないが，その材料力学問題を三つの観点から説明し，新しい研究成果も紹介することで全般的な理解を深める構成となっている。本書が異種材料接合構造の設計や材料開発に携わる技術者や研究者の理解の助けになることを願っている。

　本書の基となる研究成果は，1980年から九州工業大学野田研究室で行ってきた研究論文に基づいている。これらの論文を野田，佐野，堀田，髙瀬の著者等が編集し，技術者向け連載講座（機械設計（日刊工業新聞社），2012年11月号～2015年12月号）に掲載してきた。本書はこれらの原稿をベースにして再編集して，まとめたものである。

　本書の骨子となる論文作成に携わっていただいた以下の研究室メンバーに心から感謝する。

　武内健一郎君（三菱化学株式会社）と和田高志君（大和ハウス工業株式会社）には，異なる材料を組み合わせた際の平均的弾性係数の研究に協力いただいた。今橋智則君（株式会社ヤマナカゴーキン），松尾忠利君（福島工業高等専門学校准教授），金子　尊君（MHI下関エンジニアリング株式会社），藤田淳也君（日本精工株式会社），林田一志君（日之出水道機器株式会社），泊　賢治君（三菱化学株式会社），川島裕二君（パナソニック株式会社），森山伸也君（九州大学），小田和広君（大分大学教授），井上隆行君（福徳長酒類株式会社）には，介在物の応力集中の解析を担当いただいた。張　玉君（中国石油大学副教授），高石謙太郎君（東芝三菱電機産業システム株式会社），蘭　欣君（山東大学副教授）は接着構造の応力集中の解析に協力いただいた。深くお礼申し上げます。

　2017年3月

著　者

# 目　　　　次

## 1. 異種接合材料の材料力学

1.1 複合則と異種接合材の弾性係数の計算 ……………………………………… 1
　1.1.1 材料力学に登場する複合材料に関する計算 ……………………………… 1
　1.1.2 複合材料の複合則と縦弾性係数，ポアソン比，横弾性係数 …………… 3
1.2 有限要素法による等価縦弾性係数の計算 …………………………………… 7
　1.2.1 周期的な介在物を有する複合材料の等価縦弾性係数 ………………… 7
　1.2.2 有限要素法による複合材料の等価縦弾性係数の計算 ………………… 14
　1.2.3 形状の異なる周期介在物を有する複合材料の等価縦弾性係数が等しく
　　　　なる条件 ……………………………………………………………………… 19
1.3 介在物の配列が不規則であることの影響について ………………………… 22
　1.3.1 配列が不規則であることのモデリング ………………………………… 22
　1.3.2 2重周期介在物モデルの解析方法 ……………………………………… 25
　1.3.3 2重周期介在物モデルの解析結果 ……………………………………… 27
1.4 3次元周期配列を有する複合材料の等価縦弾性係数 ……………………… 33
1.5 介在物の2次元周期配列と3次元周期配列の等価縦弾性係数の関係 …… 39

## 2. 母材中に存在する介在物により生じる応力集中（無限板，無限体）

2.1 介在物による応力集中 ………………………………………………………… 45
　2.1.1 円形，球状介在物 ………………………………………………………… 46
　2.1.2 だ円形介在物，回転だ円体状介在物 …………………………………… 53
2.2 2個の介在物による応力集中の干渉 ………………………………………… 56

2.2.1　だ円孔やだ円孔球かが列方向引張りを受ける場合 …………………… 57
　2.2.2　だ円孔やだ円体状球かが列直角方向引張りを受ける場合 …………… 62
　2.2.3　だ円形や剛体だ円体状介在物が列方向引張りを受ける場合 ………… 66
　2.2.4　だ円形や剛体だ円体状介在物が列直角方向引張りを受ける場合 …… 72
　2.2.5　2個の介在物による干渉の総括 ………………………………………… 76
2.3　一列に並んだ任意個の介在物による応力集中の干渉 ……………………… 77
　2.3.1　だ円形介在物が列方向または列直角方向引張りを受ける場合 ……… 77
　2.3.2　回転だ円体状介在物が列方向または列直角方向引張りを受ける場合 … 86
　2.3.3　菱形介在物が列方向または列直角方向引張りを受ける場合 ………… 96

# 3.　接着接合部に生じる応力集中と接合強度の評価法

3.1　応力集中を支配する弾性パラメータについて ………………………………107
3.2　接着接合材の接合界面における応力分布 ……………………………………113
　3.2.1　接合端部における特異応力場の強さ ISSF とはなにか？ ……………113
　3.2.2　接合板の接合界面の応力分布 ……………………………………………116
3.3　引張りを受ける接着接合板の特異応力場の強さ ……………………………121
　3.3.1　引張りにおける特異応力場の強さ ……………………………………121
　3.3.2　接着層厚さが特異応力場の強さに与える影響 ………………………126
3.4　面内曲げを受ける接着接合板の特異応力場の強さ …………………………130
　3.4.1　面内曲げにおける特異応力場の強さ …………………………………130
　3.4.2　異材接合板の引張りと曲げの解 ………………………………………132
　3.4.3　無次元化応力拡大係数の比の接着層厚さによる影響 ………………134
　3.4.4　引張りと曲げにおける特異応力場の強さの比較 ……………………138
3.5　接着強度の簡便な評価方法 ……………………………………………………143
　3.5.1　接着強度評価への特異応力場の強さ ISSF の限界値 $K_{\sigma c}$ の導入（突合せ継手の場合） ………………………………………………………………144
　3.5.2　接着強度評価への特異応力場の強さ ISSF の限界値 $K_{\sigma c}$ の導入（単純重ね合わせ継手の場合） ……………………………………………………147

## 4. 異種材料接合設計の応用と展望

4.1 複合材料の特徴 ……………………………………………………………152
　4.1.1 複合材料の種類と応用 ……………………………………………152
　4.1.2 複合材料の力学的な特徴 …………………………………………155
　4.1.3 複合材料の歴史的展開 ……………………………………………158
4.2 今後の設計と複合材料 ……………………………………………………159

## 付録　有限要素法と体積力法

A.1 有 限 要 素 法 ………………………………………………………………162
　A.1.1 各要素と構造全体のバネ定数（各要素と構造全体の剛性マトリックス）
　　……………………………………………………………………………162
　A.1.2 三角形平板要素の剛性マトリックス ……………………………163
A.2 体 積 力 法 …………………………………………………………………165

**引用・参考文献** ………………………………………………………………170
**索　　　引** ……………………………………………………………………175

# 1. 異種接合材料の材料力学

　異種材料の接合物（複合材料や接着材料）は増加の一途であり，設計技術者が材料の選定から加工性や強度・信頼性について検討すべき機会は多い。しかし，多くの資料に裏打ちされた金属や合金などと異なり，実験的な研究例は多いものの，設計計算的なアプローチや解析手法の確立を目指した実例は少ないようである。接合材料の解析において重要なことは，母材と強化材の特性と複合材料の内部構造を把握することであるが，特に前者については解析で与える物性データが効率良く入手できないのが実情である。複合材料の強度計算において，実務上必要となるのはまず弾性係数であるが，材料の種類によらない統一的な計算の仕方については，設計便覧においても記載は少ない。

　本章では親しんできた材料力学に登場する複合材料の例題を示し，異種接合材の代表的な例として一方向連続繊維強化材を取り上げて複合材料の弾性係数を求めるための重要な法則である複合則について説明する。そして，複合材料の繊維軸方向縦弾性率，繊維垂直方向縦弾性率，ポアソン比，横弾性係数の計算の仕方について説明する。つぎに，より実際的な問題として複合材は母材と介在物の複合体とみなせることから，介在物等が存在する複合材料の弾性係数の計算方法を2次元および3次元の場合について解説を行う。

## 1.1 複合則と異種接合材の弾性係数の計算

### 1.1.1 材料力学に登場する複合材料に関する計算

　材料力学の教科書には，複合構造物の問題がいくつか登場している。今後の話の展開を考えて適切な例題を以下に紹介して異種材料の接合問題としても考えられることを紹介するとともに今後の異種材料の接合設計に関する入門としたい。

## 1. 異種接合材料の材料力学

【材料力学の例題】同心に配置された同じ長さの円柱と円筒の圧縮 ─────

図 1.1 のような異種材料の円柱と円筒で構成された複合構造物がある。円柱と円筒は同じ長さであり，剛体板を介して圧縮荷重 $P$ を受けている。円柱と円筒の横断面積を $A_1$, $A_2$, **縦弾性係数**を $E_1$, $E_2$ とするとき，円柱と円筒に生じる応力 $\sigma_1$, $\sigma_2$ と縮み量 $\lambda_1$, $\lambda_2$ を求めよ。

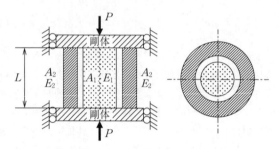

図 1.1 異種材料の円柱と円筒で構成された複合構造物

【解答】 図 1.2 のように円柱および円筒 $P_1$, $P_2$ によって単独に圧縮されるとすれば，剛体板に作用する力の釣合いより

$$P = P_1 + P_2 \tag{1.1}$$

しかし，式 (1.1) のみからは $P_1$, $P_2$ は決まらない。この場合に円柱と円筒の縮み量 $\lambda_1$, $\lambda_2$ は

$$\lambda_1 = \frac{P_1 L}{A_1 E_1}, \quad \lambda_2 = \frac{P_2 L}{A_2 E_2} \tag{1.2}$$

そして

$$\lambda_1 = \lambda_2 \tag{1.3}$$

でなければならないから式 (1.2) を式 (1.3) に代入すれば $P_1$, $P_2$ に関する次式が得られる。

$$\frac{P_1 L}{A_1 E_1} = \frac{P_2 L}{A_2 E_2} \tag{1.4}$$

式 (1.1) と式 (1.4) を解けば $P_1$, $P_2$ が求まり

$$P_1 = \frac{A_1 E_1}{A_1 E_1 + A_2 E_2} P, \quad P_2 = \frac{A_2 E_2}{A_1 E_1 + A_2 E_2} P \tag{1.5}$$

そこで円柱と円筒に生じる応力 $\sigma_1$, $\sigma_2$ は式 (1.5) より

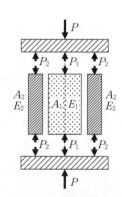

図 1.2 円柱と円筒に作用する力

$$\left. \begin{array}{l} \sigma_1 = \dfrac{P_1}{A_1} = \dfrac{1}{A_1} \times \dfrac{A_1 E_1}{A_1 E_1 + A_2 E_2} P = \dfrac{E_1}{A_1 E_1 + A_2 E_2} P \\[2mm] \sigma_2 = \dfrac{P_2}{A_2} = \dfrac{1}{A_2} \times \dfrac{A_2 E_2}{A_1 E_1 + A_2 E_2} P = \dfrac{E_2}{A_1 E_1 + A_2 E_2} P \end{array} \right\} \quad (1.6)$$

となる。また，円柱と円筒の縮み量 $\lambda_1$, $\lambda_2$ も式 (1.2) と式 (1.5) より

$$\lambda_1 = \dfrac{P_1 L}{A_1 E_1} = \dfrac{A_1 E_1}{A_1 E_1 + A_2 E_2} P \times \dfrac{L}{A_1 E_1} = \dfrac{PL}{A_1 E_1 + A_2 E_2} \quad (1.7)$$

$$\lambda_2 = \lambda_1 = \dfrac{PL}{A_1 E_1 + A_2 E_2} \quad (1.8)$$

となる。ここで図 1.1 において，複合構造物全体としての応力を $\sigma^*$，ひずみを $\varepsilon^*$，縮みを $\lambda$ とすると $\sigma^* = \varepsilon^* E^*$ であるから

$$E^* = \dfrac{\sigma^*}{\varepsilon^*} = \dfrac{\dfrac{P}{(A_1 + A_2)}}{\dfrac{\lambda}{L}} \quad (1.9)$$

また，式 (1.3) より

$$\lambda = \lambda_1 = \lambda_2 \quad (1.10)$$

式 (1.9) と式 (1.10) より

$$\begin{aligned} E^* &= \dfrac{PL}{\lambda(A_1 + A_2)} = \dfrac{A_1 E_1 + A_2 E_2}{PL} \times \dfrac{PL}{(A_1 + A_2)} \\ &= \dfrac{A_1 E_1 + A_2 E_2}{A_1 + A_2} = \left(\dfrac{A_1}{A_1 + A_2}\right) E_1 + \left(\dfrac{A_2}{A_1 + A_2}\right) E_2 \end{aligned} \quad (1.11)$$

と表される。式 (1.10) より図 1.1 の複合構造物全体としての等価縦弾性係数 $E^*$ はそれぞれの異種材料の縦弾性係数と（断面積／全体の断面積）の積を足し合わせた形となっている。このような表現は一般に**複合則**として知られている。

---

### 1.1.2　複合材料の複合則と縦弾性係数，ポアソン比，横弾性係数

**（1）　繊維軸方向縦弾性係数 $E_L$**

前項に示したように複合材料の平均的な性質を調べるには**複合則**（rule of mixture）がよく用いられる。**複合則**とは異種材料の縦弾性係数の違いによって生じる界面における応力やひずみの不連続性をまったく考慮せずに異種材料の配列や分散状態から，複合材料全体の**等価縦弾性係数**や他の特性を導こうと

するものである。

テニスラケットや釣竿に用いられているような一方向連続繊維強化材の繊維軸方向縦弾性係数 $E_L$ を考える。図 1.3 に示すような繊維軸方向引張モデルにおいて，ひずみ $\varepsilon_L = \Delta L / L$ は繊維とマトリックスのどちらにも共通であり，どちらも等方性弾性体としても応力は繊維とマトリックスとでは異なる。繊維とマトリックスの断面積と縦弾性係数をそれぞれ $A_f$, $A_m$, $E_f$, $E_m$ とすると，繊維の応力 $\sigma_f$ とマトリックスの応力 $\sigma_m$ はそれぞれ，次式で表される。

$$\sigma_f = E_f \varepsilon_L, \quad \sigma_m = E_m \varepsilon_L \tag{1.12}$$

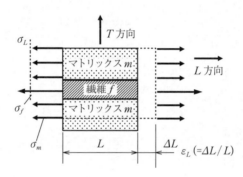

図 1.3 繊維軸方向引張モデル(均一ひずみモデル)

全断面積 $A = A_m + A_f$ であるので，断面積の平均応力を $\sigma_L$ とすると，全引張加重 $P$ は

$$P = \sigma_L A = \sigma_f A_f + \sigma_m A_m \tag{1.13}$$

と表される。また，$\sigma_L$ は

$$\sigma_L = E_L \varepsilon_L \tag{1.14}$$

となる。ここで，$E_L$ は $\sigma_L$ と $\varepsilon_L$ の比例定数である。
式 (1.12)，式 (1.14) を式 (1.13) に代入して，繊維体積含有率

$$V_f = \frac{A_f}{A}, \quad V_m = \frac{A_m}{A} = 1 - V_f$$

を用いると，次の複合則が導かれる。

$$E_L = E_f V_f + E_m V_m = E_f V_f + E_m (1 - V_f) \tag{1.15}$$

式 (1.15) を複合則といい，一方向強化材料で最も重要な法則である．

**（2） 繊維垂直方向縦弾性係数**

つぎに，繊維垂直方向縦弾性係数を考える．図 1.4 のようなモデルにおいて，繊維とマトリックスの応力 $\sigma_T$ は共通で，かつ，どちらも等方性弾性体とすると仮定する．このとき，ひずみは繊維とマトリックスとでは異なる．繊維のひずみ $\varepsilon_{fT}$ とマトリックスのひずみ $\varepsilon_{mT}$ はそれぞれ

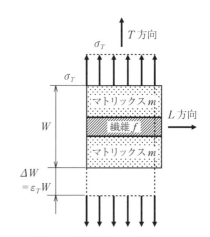

図 1.4 繊維垂直方向引張モデル
（均一応力モデル）

$$\varepsilon_{fT} = \frac{\sigma_T}{E_f}, \quad \varepsilon_{mT} = \frac{\sigma_T}{E_m} \quad (1.16)$$

で表される．

$T$ 方向の平均ひずみを $\varepsilon_T$，$T$ 方向の伸び $\Delta W$ は，繊維垂直方向長さ $W$ を用いて，次式となる．

$$\Delta W = \varepsilon_T W \quad (1.17)$$

ただし，$\Delta W = \Delta W_f + \Delta W_m$ である．

繊維部分とマトリックス部分の長さは，おのおの $V_f W$，$V_m W$ と表せることから，繊維の伸び $\Delta W_f$ とマトリックス部分の伸び $\Delta W_m$ は

$$\Delta W_f = \varepsilon_{fT} V_f W, \quad \Delta W_m = \varepsilon_{mT} V_m W \quad (1.18)$$

となる．ここで，全体の伸びであるから，この式に式 (1.16) ～ (1.18) を代入し，$E_T$ の定義式 $\sigma_T = E_T \varepsilon_T$ を用いると，$E_T$ の表示式が求められる．

$$\frac{1}{E_T} = \frac{V_f}{E_f} + \frac{V_m}{E_m}, \quad \text{または} \quad E_T = \frac{E_f E_m}{E_f(1-V_f) + E_m V_f} \quad (1.19)$$

**（3） 主ポアソン比 $\nu_{LT}$**

主ポアソン比 $\nu_{LT}$ は，$L$ 方向に引張ったときの，$L$ 方向の伸びひずみと $T$ 方向の収縮ひずみの割合を表す．図 1.5 に示すような，均一ひずみモデルを考えると，ポアソン比 $\nu_{LT}$ は，式 (1.15) と同様に次式で与えられる．

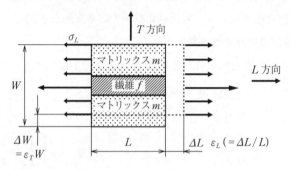

図1.5 繊維軸方向引張モデル（均一ひずみモデル）

$$\nu_{LT} = \nu_f V_f + \nu_m (1 - V_f) \tag{1.20}$$

**（4） 横弾性係数 $G_{LT}$**

横弾性係数 $G_{LT}$ は，図1.6に示すような均一応力モデルを考えることによって，式(1.19)と同様に次式で与えられる。

$$\frac{1}{G_{LT}} = \frac{V_f}{G_f} + \frac{V_m}{G_m}, \quad \text{または} \quad G_{LT} = \frac{G_f G_m}{G_T(1-V_f) + G_m V_f} \tag{1.21}$$

**（5） 繊維体積含有率 $V_f$**

これまで述べたように，繊維体積含有率 $V_f$ は，複合則や主ポアソン比 $\nu_{LT}$，面内せん断弾性率 $G_{LT}$ などの複合材料の力学特性を決定する重要なパラメータである。しかし，一方向連続繊維強化材について，断面内に詰められる繊維の量には上限が存在するので繊維体積含有率 $V_f$ にも上限が存在する。図1.7に示すように，繊維断面を円形と仮定すると，**正方配列**では，$V_f = 0.785$，**六法配列**では $V_f = 0.905$ が上限である。しかし実用材料では，一方向繊維強化材については $V_f = 0.5 \sim 0.6$ 程度が通常である。

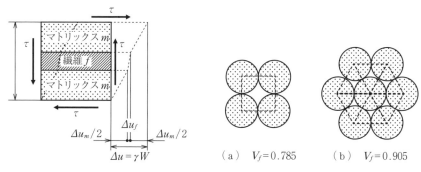

図1.6 面内せん断モデル
(均一応力モデル)

図1.7 一方向連続繊維強化材の
断面内繊維充てん

## 1.2 有限要素法による等価縦弾性係数の計算

### 1.2.1 周期的な介在物を有する複合材料の等価縦弾性係数

(1) 等価縦弾性係数[1]†の求め方

図1.8(a)に示すように同一形状の介在物が周期的に配列する場合において，介在物の形状が複合材料の**等価縦弾性係数**に及ぼす影響を考える。このような複合材料の**等価縦弾性係数**を予測することは，**粒子分散型複合材料**の2次元モデル解析，あるいは**繊維強化型複合材料**が繊維と垂直方向に荷重を受ける

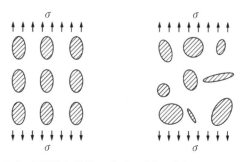

(a) 周期的な配列　(b) 形状，大きさがランダムな配列

図1.8 介在物の配列(2次元モデル)

---

† 肩付きの数字は巻末の引用・参考文献番号を表す。

場合の解析に応用される．図1.8（b）では，多くの介在物がだ円で近似できることを考慮してその形状をだ円で表している．ついで，図1.9のようにその単位領域（ユニットセル）を考える．

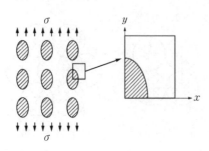

（a） 周期的な配列　　（b） ユニットセル

図1.9　だ円介在物の周期配列とユニットセル

ユニットセルを用いた**等価縦弾性係数**の求め方として，まず幅 $dx$ の直列モデルを考えて**等価縦弾性係数**を求めた後，$x$ 方向に並列モデルとして積分する．図1.10のユニットセルにおいては，微小幅 $dx$ の直列モデルが長さ $l_x$ にわたって並列に並んでいるモデルと考える．このとき，図1.10のモデルの微小幅 $dx$ の等価縦弾性係数 $E^*(x)$ は直列モデルに相当すると考えて，直列モデルの等価縦弾性係数 $E^*_{\text{Appro.}}$ は式 (1.22)，$E^*_{\text{Appro.}}(x)$ は式 (1.23) で与えられる．

$$E^*_{\text{Appro.}} = \frac{\sigma^*}{\varepsilon^*} = \frac{\dfrac{P}{A\ (y\text{軸垂直断面の面積})}}{\dfrac{\lambda}{L_M + L_I}}$$

$$= \frac{E_M E_I\ (L_M + L_I)}{E_I L_M + E_M L_I} = \frac{l_y}{\dfrac{L_I}{E_I} + \dfrac{L_M}{E_M}} \tag{1.22}$$

$$E^*_{\text{Appro.}}(x) = \frac{l_y}{\dfrac{l(x)}{E_I} + \dfrac{l_y - l(x)}{E_M}} \tag{1.23}$$

つぎに，図1.10のユニットセル全体の等価縦弾性係数 $E^*$ の近似式は次式において，$dx$ 部分を並べた並列モデルを考えることによって

並列モデルの複合材料の等価縦弾性係数　　$E^*_{\text{Appro.}} = V_I E_I + (1 - V_I) E_M$

$$= \sum_i V_i E_i \tag{1.24}$$

## 1.2 有限要素法による等価縦弾性係数の計算

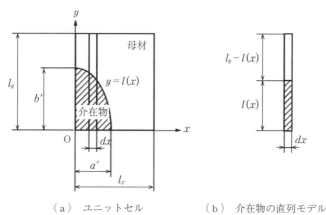

(a) ユニットセル　　　(b) 介在物の直列モデル

図1.10　ユニットセルと介在物

$V_i = dx/l_x$, $E_i = E(x)$ であるから

$$E^*_{\text{Appro.}} = \sum_i V_i E_i = \sum_{l_x} \frac{dx}{l_x} \times \frac{l_y}{\dfrac{l(x)}{E_I} + \dfrac{l_y - l(x)}{E_M}} = \frac{l}{l_x}\sum_{l_x} \frac{l_y}{\dfrac{l(x)}{E_I} + \dfrac{l_y - l(x)}{E_M}} dx$$

(1.25)

で与えられる。

図1.10の介在物の形状関数 $y = l(x)$ を正確に表すために，$dx$ をさらに微小にとることで式 (1.25) は次の積分の形で表現でき，これを複合則（拡張複合則ともいう）という。

$$E^*_{\text{Appro.}} = \frac{1}{l_x} \int_0^{l_x} \frac{l_y}{\dfrac{l(x)}{E_I} + \dfrac{l_y - l(x)}{E_M}} dx \tag{1.26}$$

（2）**ユニットセル形状比 $l_x/l_y$ と，介在物体積率 $V_I$ を一定とした場合の $E/E_M$ と $a/b$ の関係と誤差の考察**

式 (1.26) は直列モデルと並列モデルを組み合わせた一般的な複合則である。ここでは，ユニットセルの長さ $l_x = l_y$ の場合を考えることにする。複合則は異なる材料を組み合わせた際の物理量を推定するのにつねに必要になるものであ

るが，その推定式に含まれるのはつねに**体積率**である．以下では体積率を一定
としたときの縦弾性係数の誤差について検討をしてみる．

**図 1.11** は介在物**体積率**を一定（$V_I=0.16$）として形状比 $a/b$ を変化させた
とき，複合則式 (1.26) で解析した長方形介在物を有する場合の**縦弾性係数**の
変化を示すものである．ここで，ユニットセルの形状比は $l_x/l_y=1$ と一定にし
た．$E_I/E_M=2$ では体積率一定でも**等価縦弾性係数**の変化は小さい．しかし，
$E_I/E_M=5$, 20, $10^5$ と介在物の弾性比（剛性比ともいう）が大きくなるにつれ
て体積率一定でも等価縦弾性係数は形状比によって大きく異なることがわか
る．また，式 (1.26) により求めた等価縦弾性係数 $E^*_{\text{Appro.}}$ の有限要素法による
$E^*_{\text{FEM}}/E_M$ 対比の誤差 1.5 は，$E_I/E_M=10^5$ の場合に特に大きく表れているので
以下ではこの場合について詳細に説明する．なお，図中において破線で示して
いるのは有限要素法による正確な等価縦弾性係数の値 $E^*/E_M$ で，その解説に
ついては 1.2.2 節以降で行うことにする．また，**表 1.1** に $E_I/E_M=10^5$ として，
介在物体積率が $V_I=0.16$ と $V_I=0.36$ の場合における等価縦弾性係数の変化を
複合則式 (1.26) による結果と比較して示す．介在物の形状が引張方向に細長
くなるにつれて等価縦弾性係数は大きくなるが，有限要素法の結果との比較に

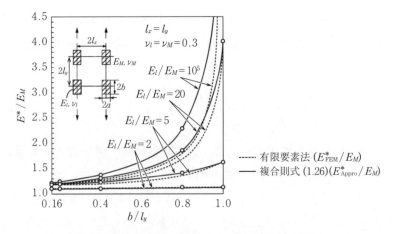

**図 1.11** 形状比 $a/b$ を変化させたときの複合則で求めた
等価縦弾性係数の変化

表 1.1 等価弾性係数比 $E^*/E_M$ と介在物長比 $b/l_y$ との関係 ($E_I/E_M=10^5$)

| $V_I=0.16$ | $a/b=6.25$ | $a/b=4$ | $a/b=1$ | $a/b=0.25$ ($a/b=0.2$, 0.8) | $a/b=0.16$ |
|---|---|---|---|---|---|
| $E^*_{\text{Appro.}}/E_M$ (複合則式 (1.26)) | 1.19 | 1.20 | 1.27 | 1.80 | 16 001 |
| $E^*_{\text{FEM}}/E_M$ (FEM) | 1.19 | 1.24 | 1.37 | 2.30 | 16 001 |

| $V_I=0.36$ | $a/b=2.78$ | $a/b=2.25$ | $a/b=1$ ($0.6$) | $a/b=0.44$ | $a/b=0.36$ |
|---|---|---|---|---|---|
| $E^*_{\text{Appro.}}/E_M$ (複合則式 (1.26)) | 1.56 | 1.60 | 1.90 | 4.60 | 36 001 |
| $E^*_{\text{FEM}}/E_M$ (FEM) | 1.56 | 1.79 | 2.24 | 5.59 | 36 001 |

より，特に $b/l_y=0.8 \sim 0.9$ 付近で複合則による近似精度が低下していることがわかる。

(3) 介在物の体積率 $V_I$ を一定とした場合の $E/E_M$ と $l_x/l_y(a/b)$ の関係と精度の考察

表1.2は，$V_I$ が一定でユニットセルの形状比を，介在物の形状比とともに変化させたとき（$l_x/l_y=a/b$）の等価縦弾性係数の変化を示す。ここで，$a/l_x=0.8$，$b/l_y=0.2$ または $a/l_x=0.2$，$b/l_y=0.8$ と固定した。このとき，ユニットセルの形状比と介在物の形状比を同時に変化させているので，式(1.26)の値は $l_x/l_y(a/b)$ の変化によらず一定である。表1.2で $a/l_x=0.8$ と固定（表1.2の左部分）して $l_x/l_y(a/b)$ を変化させた場合では等価縦弾性係数の変化は小さい。一方，$b/l_y=0.8$ と固定（表1.2の右部分）して $l_x/l_y(a/b)$ を変化させた場合は等価縦弾性係数の変化は大きくなる。これは $a/l_x$ が小さくなるに従って介在物の体積も小さくなるが，その小さくなった介在物の影響が周囲の

**表1.2** 等価弾性係数比 $E^*/E_M$ と介在物形状比 $a/b$（=ユニットセル形状比 $l_x/l_y$）との関係

| $a/l_x=0.8$, $b/l_y=0.2$ | $E^*_{\text{FEM}}/E_M$ | $E^*_{\text{Appro.}}/E_M$ | $a/l_x=0.2$, $b/l_y=0.8$ | $E^*_{\text{FEM}}/E_M$ | $E^*_{\text{Appro.}}/E_M$ |
|---|---|---|---|---|---|
| $l_x/l_y=1$, $a/b=4$ | (FEM) 1.24 | (複合則式(1.26)) 1.20 | $l_x/l_y=1$, $a/b=1/4$ | (FEM) 2.30 | (複合則式(1.26)) 1.80 |
| $l_x/l_y=2$, $a/b=8$ | 1.27 | 1.20 | $l_x/l_y=1/2$, $a/b=1/8$ | 3.03 | 1.80 |
| $l_x/l_y=4$, $a/b=16$ | 1.31 | 1.20 | $l_x/l_y=1/4$, $a/b=1/16$ | 4.71 | 1.80 |

母材に分散されることによるものと考えられる。したがって，式 (1.26) の精度は一般に介在物が引張方向に細くなると極端に低下する（例えば，$a/l_x = 0.2$, $b/l_y = 0.8$, $l_x/l_y = 1/4$ のとき，誤差は $-62$ % である）。

（4） **体積率一定の場合の等価縦弾性係数の変化の程度**

以上のように複合材料の強度評価に関して**等価縦弾性係数**を求めることが技術者や研究者の課題であった。これまでの研究によれば，これまで見てきたように繊維方向の等価縦弾性係数は

$$E = V_f E_f + (1 - V_f) E_m \quad \text{（Voigt 則）} \tag{1.27}$$

繊維に直角な方向の等価縦弾性係数は

$$\frac{1}{E} = \frac{V_f}{E_f} + \frac{1 - V_f}{E_m} \quad \text{（Reuss 則）} \tag{1.28}$$

など体積率一定を基礎とした計算式（式 (1.27)，(1.28)）が示されていた。ここでは，等価縦弾性係数が大きく表れる並列モデルと小さく表れる直列モデルを紹介する。一般の場合にはそれらの中間となる。**表 1.3** に示すように，体

**表 1.3** 直列モデルにおける等価縦弾性係数比 $E^*/E_M$ と介在物体積率の関係

| 介在物<br>体積率 $V_I$ | 基地 $E$<br>$E_M$ | 弾性比<br>$E_I/E_M$ | 等価縦弾性係数比 | |
|---|---|---|---|---|
| | | | 並列モデル<br>$E^*_{\text{Appro.}}/E_M$ | 直列モデル<br>$E^*_{\text{Appro.}}/E_M$ |
| 0.16 | 1 | 2 | 1.16 | 1.09 |
| 0.16 | 1 | 5 | 1.64 | 1.15 |
| 0.16 | 1 | 10 | 2.44 | 1.17 |
| 0.16 | 1 | 100 | 16.84 | 1.19 |
| 0.16 | 1 | 100 000 | 16 000.84 | 1.19 |
| 0.32 | 1 | 2 | 1.32 | 1.19 |
| 0.32 | 1 | 5 | 2.28 | 1.34 |
| 0.32 | 1 | 10 | 3.88 | 1.40 |
| 0.32 | 1 | 100 | 32.68 | 1.46 |
| 0.32 | 1 | 100 000 | 32 000.68 | 1.47 |
| 0.48 | 1 | 2 | 1.48 | 1.32 |
| 0.48 | 1 | 5 | 2.92 | 1.62 |
| 0.48 | 1 | 10 | 5.32 | 1.76 |
| 0.48 | 1 | 100 | 48.52 | 1.91 |
| 0.48 | 1 | 100 000 | 48 000.52 | 1.92 |

積率一定であっても用いるモデルによっては等価縦弾性係数は大きく変化する。表1.3をもとに等価縦弾性係数が介在物体積と介在物の形状によって大きく変化することを**図1.12**で示す。

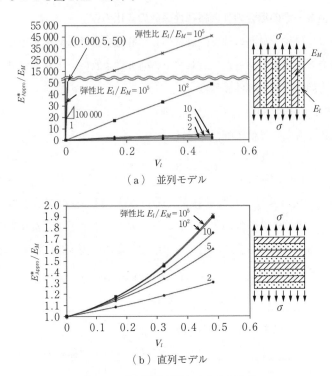

(a) 並列モデル

(b) 直列モデル

**図1.12** 等価弾性係数と介在物体積率

### 1.2.2 有限要素法による複合材料の等価縦弾性係数の計算

前項までに直列モデルと並列モデルによる複合材の**等価縦弾性係数**の求め方を説明した。また，直列モデルと並列モデルで等価縦弾性係数が説明できない場合でも，その二つの考え方をあわせて用いることによって一般的な介在物の配列モデルの等価縦弾性係数が求められることを示した。しかし，そのような直列モデルや並列モデルで求められる等価縦弾性係数には図1.11の説明で述べたような誤差がある。

## 1.2 有限要素法による等価縦弾性係数の計算

複合則よりも正確な等価縦弾性係数を求めるため，ここでは周期的な介在物の配列を有する長方形介在物のユニットセルを取り上げて，その等価縦弾性係数を解析する有限要素法について説明する[1]。ここで，ユニットセルに与える有限要素法と境界条件の関係が不明であるので，解きたい問題を直接解くのではなく，二つの補助問題を考えて，その二つの等価縦弾性係数を重ね合わせることによって，解きたい問題の解を導く。

**（1） 解きたい問題の境界条件**

有限要素法による**図 1.13（a）**のような周期的に介在物を配列した複合材料

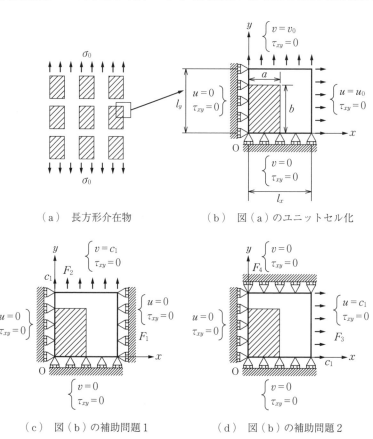

（a） 長方形介在物　　　　（b） 図（a）のユニットセル化

（c） 図（b）の補助問題 1　　（d） 図（b）の補助問題 2

**図 1.13** 周期的な配列をする長方形介在物の単位領域

の解析のため,図(b)に示すような単位領域(ユニットセル)を取り出して考える[1]。なお,介在物の形状はここでは長方形としているが,どのような形状の介在物でも,それが周期的に配列している場合には同様に解析できる。

このときの境界条件は,図(b)のようなユニットセルの配置の対称性を考慮すれば,以下の式となる。

$$
\left.\begin{array}{ll}
(\mathrm{I}) & x=0 \text{ で } 0 \leq y \leq l_y \text{ のとき,} \quad u=0, \ \tau_{xy}=0 \\
(\mathrm{II}) & x=l_x \text{ で } 0 \leq y \leq l_y \text{ のとき,} \quad u=u_0, \ \tau_{xy}=0 \\
(\mathrm{III}) & y=0 \text{ で } 0 \leq x \leq l_x \text{ のとき,} \quad v=0, \ \tau_{xy}=0 \\
(\mathrm{IV}) & y=l_y \text{ で } 0 \leq x \leq l_x \text{ のとき,} \quad v=v_0, \ \tau_{xy}=0
\end{array}\right\} \quad (1.29)
$$

また

$$
\int_0^{l_x} \sigma_y|_{y=0, l_y} dx = \sigma_0 \times l_x, \quad \int_0^{l_y} \sigma_x|_{x=0, l_x} dy = 0 \tag{1.30}
$$

**(2) 補助問題1(図1.13(c))の境界条件**

式(1.29)の $u_0$,$v_0$ は未知であるので式(1.29),(1.30)の境界条件を直接満たすことはできない。そこでまず,図1.13(c)において,$x$ 方向変位を 0 とする補助問題を考える。その境界条件は以下のようになる。

$$
\left.\begin{array}{ll}
(\mathrm{I}) & x=0 \text{ で } 0 \leq y \leq l_y \text{ のとき,} \quad u=0, \ \tau_{xy}=0 \\
(\mathrm{II}) & x=l_x \text{ で } 0 \leq y \leq l_y \text{ のとき,} \quad u=0, \ \tau_{xy}=0 \\
(\mathrm{III}) & y=0 \text{ で } 0 \leq x \leq l_x \text{ のとき,} \quad v=0, \ \tau_{xy}=0 \\
(\mathrm{IV}) & y=l_y \text{ で } 0 \leq x \leq l_x \text{ のとき,} \quad v=c_1, \ \tau_{xy}=0
\end{array}\right\} \quad (1.31)
$$

ここで,$c_1$ は適当に与えた定数である。式(1.31)の境界条件のもとで有限要素法により解析したとき,境界 $x=0$,$l_x$ で $0 \leq y \leq l_y$ のときに得られる $x$ 方向の合力を $F_1$,境界 $y=0$,$l_y$ で $0 \leq x \leq l_x$ のときに得られる $y$ 方向の合力を $F_2$ とする(**図1.14**)と

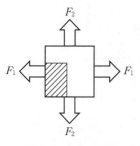

**図1.14** 補助問題1
(図1.13の(c))

$$
\left.\begin{array}{l}
\int_0^{l_y} \sigma_x|_{x=0, l_x} dy = F_1 \\
\int_0^{l_x} \sigma_y|_{y=0, l_y} dx = F_2
\end{array}\right\} \quad (1.32)
$$

となる。ここで $F_1$ と $F_2$ は有限要素法で求める。

(3) 補助問題2（図1.13（d））の境界条件

今度は，図1.13（d）において，$y$ 方向変位を 0 とする補助問題を考える。その境界条件は以下のようになる。

$$\left.\begin{array}{ll} (\text{I}) & x=0 \text{ で } 0 \leq y \leq l_y \text{ のとき}, \quad u=0, \ \tau_{xy}=0 \\ (\text{II}) & x=l_x \text{ で } 0 \leq y \leq l_y \text{ のとき}, \quad u=c_1, \ \tau_{xy}=0 \\ (\text{III}) & y=0 \text{ で } 0 \leq x \leq l_x \text{ のとき}, \quad v=0, \ \tau_{xy}=0 \\ (\text{IV}) & y=l_y \text{ で } 0 \leq x \leq l_x \text{ のとき}, \quad v=0, \ \tau_{xy}=0 \end{array}\right\} \quad (1.33)$$

ここで，$c_1$ は適当に与えた定数である。式（1.33）の境界条件のもとで有限要素法により解析したとき，境界 $x=0$, $l_x$ で $0 \leq y \leq l_y$ のときに得られる $x$ 方向の合力を $F_3$，境界 $y=0$, $l_y$ で $0 \leq x \leq l_x$ のときに得られる $y$ 方向の合力を $F_4$ とすると

$$\int_0^{ly} \sigma_x|_{x=0,lx} dy = F_3, \quad \int_0^{lx} \sigma_y|_{y=0,ly} dx = F_4 \quad (1.34)$$

以上のことは，**図1.15** に示すように，ユニットセルの $y$ 方向に $F_4$ が作用し，$x$ 方向に $F_3$ が作用するとして，それらの引張荷重に $F_1/F_3$ を乗じると，$x$ 方向に $F_1$，$y$ 方向に $F_4 \times F_1/F_3$ の引張荷重が作用する場合に等しくなる。

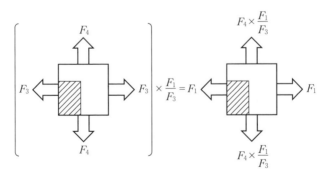

**図1.15** 補助問題2（図1.13の（d））

(4) 二つの補助問題1, 2 の重ね合わせによる問題の解

以上より，図1.13（b）の解を $(v_a, u_a)$，図（c）の解を $(v_b, u_b)$，図（d）の解を $(v_c, u_c)$ とすると

$$\sigma_a = A\sigma_b + B\sigma_c, \quad u_a = Au_b + Bu_c$$

$$A = \frac{\sigma_0 l_x}{F_2 - F_4 \times \dfrac{F_1}{F_3}}, \quad B = -\frac{\dfrac{F_1}{F_3}\sigma_0 l_x}{F_2 - F_4 \times \dfrac{F_1}{F_3}} \tag{1.35}$$

ここで,$A$,$B$は

$$A \times F_1 + B \times F_3 = 0, \quad A \times F_2 + B \times F_4 = \sigma_0 l_x \tag{1.36}$$

となるように定められた定数である.図 1.13(a)および式 (1.29) に示される変位 $u_0$,$v_0$ は以下のように示される.

$$u_0 = Bc_1, \quad v_0 = Ac_1 \tag{1.37}$$

以上の手順によって,図 1.13(a)に示されるような複合材料の等価縦弾性係数 $E^*$ とポアソン比 $\nu$ とが以下のように与えられる.

$$E^* = \frac{\sigma_0}{\left(\dfrac{v_0}{l_y}\right)} = \frac{\left\{F_2 - F_4\left(\dfrac{F_1}{F_3}\right)\right\}}{\dfrac{c_1}{l_y}}, \quad \nu = \frac{\dfrac{u_0}{l_x}}{\dfrac{v_0}{l_y}} = \frac{F_3 l_y}{F_1 l_x} \tag{1.38}$$

以上の計算手順は**図 1.16** に示すように,図 1.14 の荷重条件から図 1.15 の荷重条件を差し引いたものを考えると,それが $y$ 方向のみに荷重が作用したユニットセルと表現できる.そして $y$ 方向荷重の大きさは,式 (1.38) の $E^*$ の式に含まれる $F_2 - F_4(F_1/F_3)$ となる.

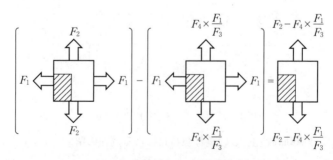

**図 1.16** 補助問題 1 と補助問題 2 の重ね合わせ

図 1.17 に有限要素法により求めた計算を複合則式 (1.26) による計算 (図 1.11) と比較して示す。図より特に $b/l_y = 0.8$ 付近で誤差が 30 % 程度あり，近似式の精度が極端に低下していることがわかる。

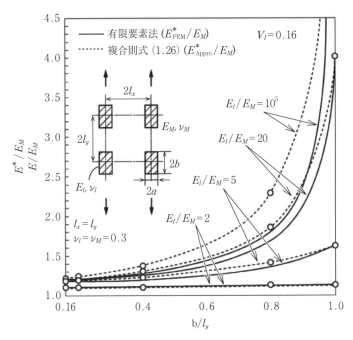

図 1.17　形状比 $a/b$ を変化させたときの有限要素法で求めた等価縦弾性係数の変化

## 1.2.3　形状の異なる周期介在物を有する複合材料の等価縦弾性係数が等しくなる条件

前項までに介在物が周期的に配列する場合の**等価縦弾性係数**を有限要素法で解析する方法を示した。実際に種々の形状・寸法の介在物が，周期的に存在する場合の等価縦弾性係数はどのように変化するのであろうか？ここでは，だ円形と長方形の場合について比較検討した。図 1.18，1.19 は有限要素法で解析した長方形介在物の周期配列の等価縦弾性係数と，内山ら[2] が体積力法で解析しただ円形介在物の周期配列の等価縦弾性係数とを比較したものである。

20　　1. 異種接合材料の材料力学

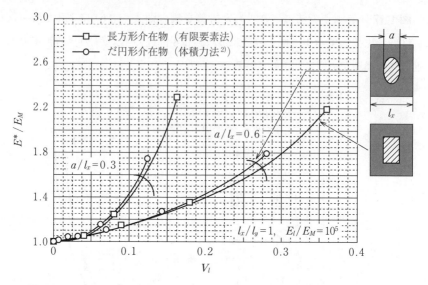

**図1.18** $E_I/E_M=10^5$ の剛体介在物が長方形介在物の場合とだ円形の場合との比較

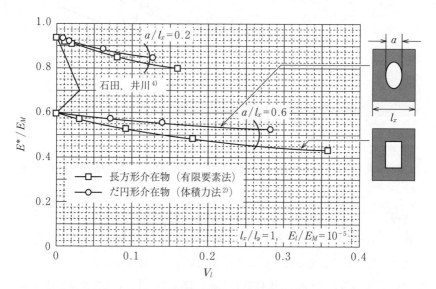

**図1.19** $E_I/E_M=10^{-5}$ の孔が長方形介在物の場合とだ円形の場合との比較

## 1.2 有限要素法による等価縦弾性係数の計算

図1.18は，$E_I/E_M=10^5$の剛体介在物形状が長方形の場合とだ円形の場合とを比べた図である。図では，$V_I \to 0$に従って$E_I/E_M=1$に近づいており剛体線状介在物[3]が存在しても，それが垂直方向の等価縦弾性係数に与える影響は小さいことがわかる。

また，図1.19は$E_I/E_M=10^{-5}$の実質的に孔と考えうる介在物形状として，長方形とだ円形を想定した場合である。ここで，荷重軸方向の**投影面積率**$a/l_x$を一定として介在物の**体積率**$V_I \to 0$の極限では，だ円孔および長方形孔双方ともき裂とみなすことができる。よって，$E_I/E_M=10^{-5}$では，石田らによって求められている周期き裂群の結果[4]に一致する。このように孔の場合には，体積率ではなく投影面積率$a/l_x$によって等価縦弾性係数が支配される。すなわち，**図1.20**に示すように近似が成り立つ。

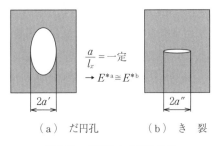

（a）だ円孔　　（b）き裂

**図1.20** だ円孔とき裂の近似

図1.18，1.19より，介在物の体積率が同じでも介在物の$a/l_x$が異なれば等価縦弾性係数は異なり，剛体介在物の場合（図1.18）に，この傾向は著しいことがわかる。つぎに，長方形介在物の問題とだ円形介在物の問題を比較すると，図1.18，1.19において，$a/l_x$，$V_I$が等しければ等価縦弾性係数比$E^*/E_M$はほぼ等しいことがわかる。すなわち，**図1.21**に示すように

① $a=a'$（**荷重方向の投影面積率**が等しい）
② $ab=\pi a'b'/4$（**体積率**が等しい）

という二つの条件を満たせば等価縦弾性係数はほぼ等しい。

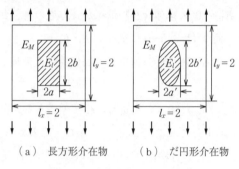

(a) 長方形介在物　　(b) だ円形介在物

図1.21　条件を満たした介在物

以上から，周期配列をなすだ円形介在物があるとき，次の二つの条件

①　介在物の**荷重方向の投影面積率**が等しいこと

②　介在物の**体積率**が等しいこと

を満たす等価縦弾性係数になるような長方形介在物に置き換えて計算すれば，もとの介在物が周期配列をなす場合の等価な縦弾性係数を近似的に評価できる。このような評価は，もとの介在物形状がだ円で近似できる限りは有効である。この場合の解きたい問題に対して二つの補助問題を有限要素法で解くことによって評価が可能となった。

## 1.3　介在物の配列が不規則であることの影響について

### 1.3.1　配列が不規則であることのモデリング

実際の複合材料の繊維や介在物は**図1.22**（a），（b）に示すように不規則に分布する場合が一般的であるが，それらの複合材料の機械的性質を直接議論する代わりに図（c），（d）に示すように長方形配列や千鳥配列にモデル化して解析することがよく行われている。しかし，実際の複合材料においては，介在物はある程度不規則な配列をしており，配列が異なるとその等価縦弾性係数等がどのように変化するかは不明であるため，それぞれの配列ごとに解析が必要になる。配列が不規則であることの影響を，より基本的な**長方形配列や千鳥配**

1.3 介在物の配列が不規則であることの影響について    23

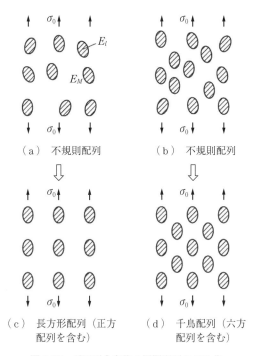

図 1.22 だ円形介在物の周期配列モデル化
(σ₀ は平均の応力)

列モデルと比較するなどして,力学的に評価するような基本的取扱いは,著者らの知る限り見当たらないようである。

 介在物が不規則な配列である場合には,介在物どうしの影響を調べる必要がある。しかし,図 1.22 (b) のようなまったく不規則な介在物の配列の解析は困難であるので,図 1.23 に示すような周期配列をなす介在物が 2 セット (配列 A,配列 B) 混在するようなモデルを考える[5]。このモデルでは,周期的な介在物配列 A 以外に,同一形状・寸法の介在物を同一の周期で加えた介在物配列 B も同時に考える。そして介在物の配列 A と配列 B の相対位置を可能な範囲 (図中に示す配列 B の位置ベクトルが ($0 \leq x \leq l_x/2$, $0 \leq y \leq l_y/2$) の範囲) で変化させた場合の**等価縦弾性係数**を解析し,介在物の配列が等価縦弾性係数に与える影響について考察する。このモデルは特別な場合に,図 (c) に

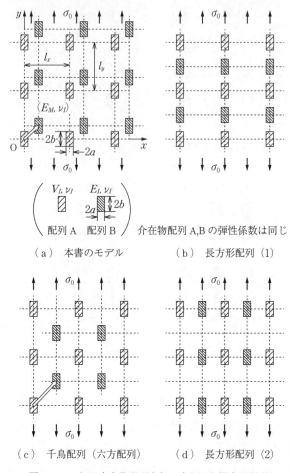

図1.23 2個の介在物配列を組み合わせた場合の配列

示すような**千鳥配列**や図（d）に示すような**長方形配列**をも含んでいる。ユニットセルモデルを有限要素法で解析する際，可能であればできるだけ単純化したモデルを解析することが望ましい。そこで，本書ではこのような観点から，介在物の配列にかかわらず等価縦弾性係数がほぼ等しくなる条件を考察する。

### 1.3.2 2重周期介在物モデルの解析方法

長方形介在物が不規則に配列している問題について図1.23に示すようなモデルを考え，その弾性特性を有限要素法を用いて解析する手順を以下に示す。有限要素法で解析するために図1.23のユニットセルから**図1.24（a）**に示すような1/4範囲のユニットセルを取り出し，次のように解析を行う。ここでは，1個の介在物が周期的に配列された場合のように境界上で変位一定とはならないが1個の介在物が周期的に配列された場合と同様に変位に注目して境界

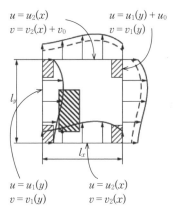

（a） 問題のユニットセル

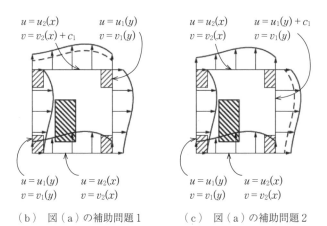

（b） 図（a）の補助問題1　　（c） 図（a）の補助問題2

**図1.24** 2個の長方形介在物を組み合わせた場合の解析対象
ユニットセル（図1.23の1/4の領域）

条件を与えることにする．図（a）の解きたい問題のユニットセルにおける境界条件は，以下のように表される．以下で $u$，$v$ はそれぞれ $x$，$y$ 方向の変位である．

（Ⅰ） $x=0$ で $0 \leq y \leq l_y$ のとき， $u=u_1(y)$, $v=v_1(y)$ とすると
$x=l_x$ で $0 \leq y \leq l_y$ のとき， $u=u_1(y)+u_0$, $v=v_1(y)$ $\qquad$ (1.39)

（Ⅱ） $y=0$ で $0 \leq x \leq l_x$ のとき， $u=u_2(x)$, $v=v_2(x)$ とすると
$y=l_y$ で $0 \leq x \leq l_x$ のとき， $u=u_2(x)$, $v=v_2(x)+v_0$ $\qquad$ (1.40)

（Ⅲ） $\int_0^{l_x} \sigma_y|_{y=0,l_y} dx = \sigma_0 x l_x$, $\int_0^{l_y} \sigma_x|_{x=0,l_x} dy = 0$ $\qquad$ (1.41)

$u_0$，$v_0$ は未知であるので以下に示す方法を用いる．はじめに図（b）に示すような境界条件を与えて有限要素法で解析する．

（Ⅰ） $x=0$ で $0 \leq y \leq l_y$ および，$x=l_x$ で $0 \leq y \leq l_y$ のとき，
$u=u_1(y)$, $v=v_1(y)$ $\qquad$ (1.42)

（Ⅱ） $y=0$ で $0 \leq x \leq l_x$ のとき， $u=u_2(x)$, $v=v_2(x)$ とすると
$y=l_y$ で $0 \leq x \leq l_x$ のとき， $u=u_2(x)$, $v=v_2(x)+c_1$ $\qquad$ (1.43)

ここで，$c_1$ は適当に与えた定数である（$c_1$ の値は結果に無関係であるが，計算上 $c_1=0.01\,l_y$ とした）．式 (1.42)，(1.43) のような境界条件は汎用有限要素法プログラムに用意されている適当な方法により与えることができる．式 (1.42)，(1.43) の境界条件のもとで有限要素法で解析したとき，境界 $x=0$，$l_x$ で $0 \leq y \leq l_y$ のときに得られる $x$ 方向の合力を $F_1$，境界 $y=0$，$l_y$ で $0 \leq x \leq l_y$ のときに得られる $y$ 方向の合力を $F_2$ とする．

（Ⅲ） $\int_0^{l_y} \sigma_x|_{x=0,l_x} dy = F_1$, $\int_0^{l_x} \sigma_y|_{y=0,l_y} dx = F_2$ $\qquad$ (1.44)

つぎに，図（c）に示すような境界条件を与えて有限要素法で解析する．

（Ⅰ） $x=0$ で $0 \leq y \leq l_y$ のとき， $u=u_1(y)$, $v=v_1(y)$ とすると
$x=l_x$ で $0 \leq y \leq l_y$ のとき， $u=u_1(y)+c_1$, $v=v_1(y)$ $\qquad$ (1.45)

（Ⅱ） $y=0$ で $0 \leq x \leq l_x$ および，$y=l_y$ で $0 \leq x \leq l_x$ のとき，
$u=u_2(x)$, $v=v_2(x)$ $\qquad$ (1.46)

1.3 介在物の配列が不規則であることの影響について　27

式 (1.45), (1.46) の境界条件のもとで有限要素法で解析したときに, 境界 $x=0$, $l_y$ で $0 \leq x \leq l_x$ のときに得られる $x$ 方向の合力を $F_3$, 境界 $y=0$, $l_y$ で $0 \leq x \leq l_y$ のときに得られる $y$ 方向の合力を $F_4$ とする.

$$(\text{III}) \quad \int_0^{l_y} \sigma_x|_{x=0,l_x} dy = F_3, \quad \int_0^{l_x} \sigma_y|_{y=0,l_y} dx = F_4 \quad (1.47)$$

以上より, 図 1.24 (a) の解を $(v_a, u_a)$, 図 (b) の解を $(v_b, u_b)$, 図 (c) の解を $(v_c, u_c)$, とするとき

$$\left. \begin{array}{l} \sigma_a = C_A \sigma_b + C_B \sigma_c, \quad u_a = C_A u_b + C_B u_c \\[6pt] C_A = \dfrac{\sigma_0 l_x}{F_2 - F_4 \dfrac{F_1}{F_3}}, \quad C_B = \dfrac{\dfrac{F_1}{F_3} \sigma_0 l_x}{F_2 - F_4 \dfrac{F_1}{F_3}} \end{array} \right\} \quad (1.48)$$

ここで, $C_A$, $C_B$ は

$$C_A \times F_1 + C_B \times F_3 = 0, \quad C_A \times F_2 + C_B \times F_4 = \sigma_0 l_x \quad (1.49)$$

が成立するように決められた定数である. 図 1.24 (a) および式 (1.39), (1.40) に示される変位 $u_0$, $v_0$ は次のように示される.

$$u_0 = C_B c_1, \quad v_0 = C_A c_1 \quad (1.50)$$

以上に示したような手順によって, 図 1.23 に示すような複合材料の等価縦弾性係数 $E_y$ が次のように与えられる.

$$E_y = \frac{\sigma_0}{(v_0/l_y)} = \frac{\left(F_2 - F_4 \dfrac{F_1}{F_3}\right)/l_x}{c_1/l_y}, \quad v_y = \frac{u_0/l_x}{v_0/l_y} = \frac{F_3 l_y}{F l_x} \quad (1.51)$$

### 1.3.3　2重周期介在物モデルの解析結果

解析には四辺形4節点要素を用いて行い, 要素分割はすべての介在物で要素数 400, 節点数 441 で解析する. 図 1.23 に示すように $E_I$ は介在物, $E_M$ は母材の縦弾性係数であり, 介在物の体積率 $V_I$ はユニットセルの寸法 $l_x \times l_y = 1 \times 1$ とすると, すべての介在物であり, $V_I = 8ab$ である. また, $E_I/E_M = 10^5$ (剛体

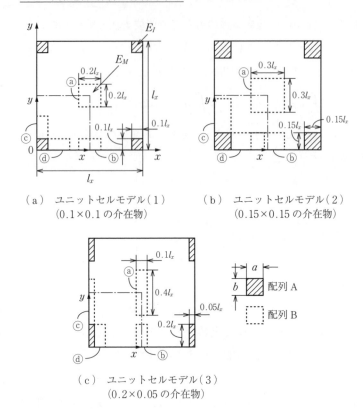

図 1.25 解析した 3 種類のユニットセルモデル（$E_I/E_M=10^5$）

介在物）とし，ポアソン比は母材と介在物の両方で $\nu_I=\nu_M=0.3$ とする。図 1.25 に解析した 3 種類のユニットセルモデル（1）～（3）を示す。図 1.25 において介在物 A を固定して介在物配列 B の中心座標を $0\leq x\leq l_x/2$, $0\leq y\leq l_y/2$ の範囲で変化させたときの全体の等価縦弾性係数比 $E^*/E_M$ を計算する。ここで，$E^*$ は $y$ 方向の**等価縦弾性係数** $E^*$（式 (1.51)）である。

表 1.4～1.6 は，上述の方法で解析し等価縦弾性係数について，二つの配列の組合せを考えた場合の変化を表にしたものである。ここでは，対称性より図 1.24 に示すユニットセルの 1/4 の範囲で結果を示す。表 1.4～1.6 より介在物 B が ⓐ の位置にある場合（**千鳥配列**）と介在物が ⓑ の位置にある場合（**長方形配列**）を比較した。ここで図 1.25 に示す 3 種類のモデルのうち，図（a）

## 1.3 介在物の配列が不規則であることの影響について

**表1.4** モデル（1）における配列Bの中心と$E^*/E_M$の関係
（形状比$b/a=1$，体積率$ab/l_xl_y=0.08$，弾性比$E_I/E_M=10^5$）

| | 等価縦弾性係数比 $E^*/E_M$ | | | | | | $E^*/E_M$の千鳥配列との比較 $(E^*/E_M)/(E^*/E_M|_{y/l_y=0.5,\ x/l_x=0.5})$ | | | | | |
|---|---|---|---|---|---|---|---|---|---|---|---|---|
| 0.5 | 1.194 | 1.189 | 1.176 | 1.164 | 1.157 | 1.157 | 1.032 | 1.028 | 1.016 | 1.006 | 1.000 | 1.000 ⓐ |
| 0.4 | 1.200 | 1.191 | 1.177 | 1.165 | 1.159 | 1.157 | 1.037 | 1.029 | 1.017 | 1.007 | 1.002 | 1.000 基準 |
| 0.3 | 1.209 | 1.198 | 1.177 | 1.162 | 1.159 | 1.159 | 1.045 | 1.035 | 1.017 | 1.004 | 1.002 | 1.002 |
| 0.2 | 1.233 | 1.219 | 1.200 | 1.160 | 1.161 | 1.162 | 1.066 | 1.054 | 1.037 | 1.003 | 1.003 | 1.004 |
| 0.1 | | | 1.155 | 1.161 | 1.166 | 1.167 | ⓒ | | 0.998 | 1.003 | 1.008 | 1.009 |
| 0 | | | 1.141 | 1.163 | 1.169 | 1.170 | 最大 最小ⓓ | | 0.986 | 1.005 | 1.010 | 1.011 ⓑ |
| $y/l_x$ / $x/l_x$ | 0 | 0.1 | 0.2 | 0.3 | 0.4 | 0.5 | 0 | 0.1 | 0.2 | 0.3 | 0.4 | 0.5 |

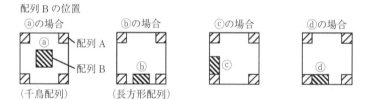

配列Bの位置
ⓐの場合（千鳥配列） 配列A 配列B
ⓑの場合（長方形配列）
ⓒの場合
ⓓの場合

**表1.5** モデル（2）における配列Bの中心と$E^*/E_M$の関係
（形状比$b/a=1$，体積率$ab/l_xl_y=0.18$，弾性率$E_I/E_M=10^5$）

| | 等価縦弾性係数比 $E^*/E_M$ | | | | | | $E^*/E_M$の千鳥配列との比較 $(E^*/E_M)/(E^*/E_M|_{y/l_y=0.5,\ x/l_x=0.5})$ | | | | | |
|---|---|---|---|---|---|---|---|---|---|---|---|---|
| 0.5 | 1.615 | 1.586 | 1.505 | 1.432 | 1.388 | 1.375 | 1.175 | 1.153 | 1.095 | 1.041 | 1.009 | 1.000 ⓐ |
| 0.4 | 1.615 | 1.574 | 1.513 | 1.437 | 1.387 | 1.375 | 1.175 | 1.145 | 1.100 | 1.045 | 1.009 | 1.000 基準 |
| 0.3 | 1.692 | 1.656 | 1.590 | 1.530 | 1.386 | 1.379 | 1.231 | 1.204 | 1.156 | 1.113 | 1.008 | 1.003 |
| 0.2 | | | | 1.426 | 1.390 | 1.391 | ⓒ | | | 1.037 | 1.011 | 1.012 |
| 0.1 | | | | 1.373 | 1.395 | 1.411 | 最大 | | | 0.999 | 1.015 | 1.026 |
| 0 | | | | 1.354 | 1.398 | 1.411 | 最小ⓓ | | | 0.985 | 1.017 | 1.026 ⓑ |
| $y/l_x$ / $x/l_x$ | 0 | 0.1 | 0.2 | 0.3 | 0.4 | 0.5 | 0 | 0.1 | 0.2 | 0.3 | 0.4 | 0.5 |

**表1.6** モデル（3）における配列Bの中心と $E^*/E_M$ の関係
（形状比 $b/a=4$，体積率 $ab/l_xl_y=0.08$，弾性率 $E_I/E_M=10^5$）

| | 等価縦弾性係数比 $E^*/E_M$ | | | | | $E^*/E_M$ の千鳥配列との比較 $(E^*/E_M)/(E^*/E_M)\|_{y/l_y=0.5,\ x/l_x=0.5}$ | | | | | |
|---|---|---|---|---|---|---|---|---|---|---|---|
| 0.5 | 1.699 | 1.538 | 1.381 | 1.332 | 1.316 | 1.313 | 1.294 | 1.171 | 1.052 | 1.014 | 1.002 | 1.000 ⓐ |
| 0.4 | 1.893 | 1.772 | 1.371 | 1.331 | 1.318 | 1.316 | 1.442 | 1.350 | 1.044 | 1.014 | 1.004 | 1.002 基準 |
| 0.3 | | 1.522 | 1.349 | 1.328 | 1.323 | 1.322 | ⓒ | 1.159 | 1.027 | 1.011 | 1.008 | 1.007 |
| 0.2 | | 1.363 | 1.319 | 1.325 | 1.330 | 1.332 | 最大 | 1.038 | 1.005 | 1.009 | 1.013 | 1.014 |
| 0.1 | | 1.269 | 1.299 | 1.326 | 1.337 | 1.340 | | 0.966 | 0.989 | 1.010 | 1.018 | 1.021 |
| 0 | | 1.233 | 1.294 | 1.327 | 1.339 | 1.343 | 最小ⓓ | 0.939 | 0.986 | 1.011 | 1.020 | 1.023 ⓑ |
| $y/l_y$ / $x/l_x$ | 0 | 0.1 | 0.2 | 0.3 | 0.4 | 0.5 | 0 | 0.1 | 0.2 | 0.3 | 0.4 | 0.5 |

のユニットセルモデル（1）を例にとると，ⓐのとき $E^*/E_M=1.157$，ⓑのとき $E^*/E_M=1.170$ である。このように，ユニットセルモデル（1）～（3）のⓐの位置にある場合とⓑの位置にある場合での $E^*/E_M$ に大きな変化は見られない。**図1.26**～**1.28** は表1.4～1.6を図示したものである。図1.26～1.28では，移動させた介在物Bの中心の座標を $x$-$y$ 軸にとり，$E^*/E_M$ の値を等高線で表示した。ここでユニットセルモデル（1）を例にとると，ⓒのとき $E^*/E_M=1.233$，ⓓのとき $E^*/E_M=1.141$ である。このように図1.26～1.28

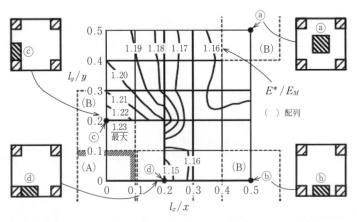

（形状比 $b/a=1$，体積率 $ab/l_xl_y=0.08$，弾性比 $E_I/E_M=10^5$）

**図1.26** モデル（1）における配列Bの中心と $E^*/E_M$ の関係

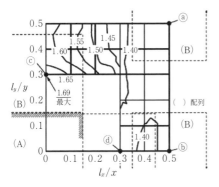

(形状比 $b/a=1$, 体積率 $ab/l_xl_y=0.18$, 弾性比 $E_I/E_M=10^5$)

**図1.27** モデル（2）における配列Bの中心と $E^*/E_M$ の関係

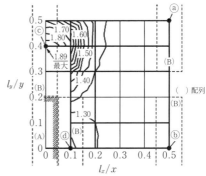

(形状比 $b/a=4$, 体積率 $ab/l_xl_y=0.08$, 弾性比 $E_I/E_M=10^5$)

**図1.28** モデル（3）における配列Bの中心と $E^*/E_M$ の関係

より介在物の形状・寸法が異なっても介在物配列Bが介在物配列Aに対して引張方向に直線状に並び，なおかつ接しているとき（ⓒの位置にある場合）に最大値をとり，介在物Bが引張方向に対して垂直方向に並んで接しているとき（ⓓの位置にある場合），最小値をとる。

配列Aに対して配列Bが千鳥配置となる場合（図1.26～図1.28のⓐ）を基準（1.0）にした $E^*/E_M$ の変化はユニットセルモデル（1）で $E^*/E_M=0.986～1.066$，ユニットセルモデル（2）で $0.985～1.231$，ユニットセルモデル（3）で $0.939～1.442$ である。つまり，正方形介在物の場合（表1.4,1.5の比較），$E^*/E_M$ の変動幅は**体積率**が大きいと大きくなる。一方，2個以上の介在物をそれぞれの荷重軸投影長さが重ならない範囲での千鳥配置ⓐを基準にした $E^*/E_M$ の変化は，ユニットセルモデル（1）（正方形介在物）で $E^*/E_M=0.986～1.037$，ユニットセルモデル（2）（正方形介在物）で $0.985～1.113$，ユニットセルモデル（3）（長方形介在物）で $E^*/E_M=0.939～1.350$ である。すなわち，介在物の荷重軸投影長さが重ならない範囲で正方形介在物に限れば，その大きさに無関係に影響は小さく $E^*/E_M$ はほぼ等しい（**図1.29**）。結局，図1.25のユニットセルモデル（1）～（3）の有限要素法解

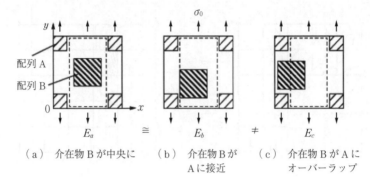

**図1.29** $y$方向の等価縦弾性係数は,図(a)と図(b)はほぼ同じであるが,図(c)は異なる

析結果より次のことがわかる。

(1) 介在物配列A,Bの荷重軸投影長さが重ならない範囲では,複合材料の等価縦弾性係数に対する介在物の配列の影響は比較的小さい。

(2) 図1.23のユニットセルモデルでは,介在物の形状・寸法にかかわらず介在物A,Bが引張方向に対して直線状に並び,かつ接しているときに等価弾性係数は最大値をとり,介在物が引張方向に対して垂直方向に並んで接している場合には最小値をとる。

(3) 同一形状の介在物(ここでは正方形)の体積率が大きくなると千鳥配列を基準としたときの等価弾性係数の変動幅は大きい。

本事例においては,実際の複合材料中に存在する介在物がある程度の不規則な配列をなしていることの影響を,周期的に配列された介在物(配列A)の母材中に,配列Aと同一形状・同一寸法の介在物配列(配列B)を同一の周期で加えたモデル(図1.23)を用いて考察した。その結果,介在物A,Bの荷重軸投影面積が重ならない範囲では,複合材料の等価縦弾性係数に対する介在物の配列の影響は比較的小さいことがわかった。かくして,図1.23の介在物配列の不規則性を考慮したモデルでも介在物の投影面積率と体積率が,等価縦弾性係数をほぼ支配する2大パラメータであることを確認できた。

## 1.4　3次元周期配列を有する複合材料の等価縦弾性係数

実際の複合材料中の強化繊維や粒子は2次元配列ではなく，**図1.30**でモデル化される3次元配列をなすのが普通である。そこで，ここでは，介在物が3次元的な配列をなす場合の等価縦弾性係数に及ぼす介在物の影響を2次元の場合と比較しながら説明する。

3次元ユニットセルモデル（図1.30）は構造材料中に含まれるボイド，強化繊維，強化粒子の解析モデルとして広く用いられている。このような3次元複合材料の解析では，**図1.31**に示すような六角柱（または四角柱）ユニットセルを円柱セルで近似することが多い[6]。

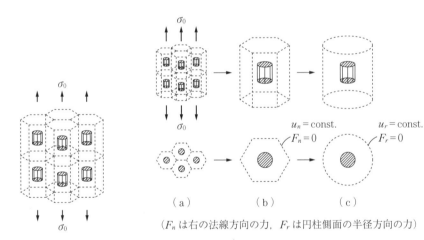

図1.30　3次元ユニットセルモデル

図1.31　六角柱ユニットセルの円柱セルでの近似

（$F_n$は右の法線方向の力，$F_r$は円柱側面の半径方向の力）

### （1）　解きたい問題の境界条件

有限要素法解析では，まず**図1.32**（a），（b）に示すような円柱状介在物と回転だ円体状介在物を考察し，さらに図（c）の長方形介在物の2次元的配列とも比較する。その具体的解析手順を以下に示す。解析すべき問題を**図1.33**

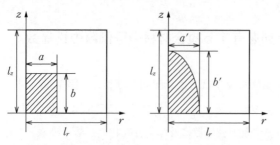
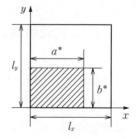

(a) 3次元円柱状介在物　　(b) 3次元だ円体状介在物　　(c) 2次元長方形介在物

図 1.32　複合材料の2次元および3次元ユニットセルモデル

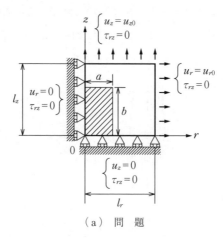

(a) 問　題

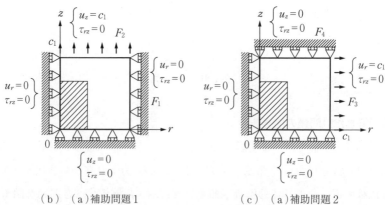

(b) (a)補助問題1　　　　　(c) (a)補助問題2

図 1.33　問題とその補助問題

## 1.4 3次元周期配列を有する複合材料の等価縦弾性係数

(a)に示す．1.2.2項の図1.13に示す等価縦弾性係数を計算する場合の境界条件と同様に有限要素法にて次のように解析される．

まず，図1.33(a)を解析するための境界条件は，以下のように表される．

$$\left.\begin{array}{ll} (\text{I}) & r=0 \text{ で } 0 \leq z \leq l_z \text{ のとき,} \quad u_r = 0, \ \tau_{rz} = 0 \\ (\text{II}) & r=l_z \text{ で } 0 \leq z \leq l_z \text{ のとき,} \quad u_r = u_{r0}, \ \tau_{rz} = 0 \\ (\text{III}) & z=0 \text{ で } 0 \leq r \leq l_r \text{ のとき,} \quad u_z = 0, \ \tau_{rz} = 0 \\ (\text{IV}) & z=l_z \text{ で } 0 \leq r \leq l_r \text{ のとき,} \quad u_z = u_{z0}, \ \tau_{rz} = 0 \end{array}\right\} \quad (1.52)$$

また

$$\int_0^{l_r} \sigma_z|_{z=l_z} dr = \sigma_0 \pi l_r^2, \quad \int_0^{l_z} \sigma_r|_{r=l_r} dz = 0 \quad (1.53)$$

$u_{r0}$, $u_{z0}$ は，まだ未知であるので境界条件 (1.52)，(1.53) を直接満たすことはできない．そこで，図1.33(a)の問題を解析するためには，図(b)と図(c)の補助問題1，2を解く必要がある．

**(2) 補助問題1（図1.33の(b)）の境界条件**

補助問題図1.33(b)の境界条件は

$$\left.\begin{array}{ll} (\text{I}) & r=0 \text{ で } 0 \leq z \leq l_z \text{ のとき,} \quad u_r = 0, \ \tau_{rz} = 0 \\ (\text{II}) & r=l_z \text{ で } 0 \leq z \leq l_z \text{ のとき,} \quad u_r = 0, \ \tau_{rz} = 0 \\ (\text{III}) & z=0 \text{ で } 0 \leq r \leq l_r \text{ のとき,} \quad u_z = 0, \ \tau_{rz} = 0 \\ (\text{IV}) & z=l_z \text{ で } 0 \leq r \leq l_r \text{ のとき,} \quad u_z = c_1, \ \tau_{rz} = 0 \end{array}\right\} \quad (1.54)$$

ここで，$c_1$ は適当に与えた定数である．式(1.55)の境界条件のもとで有限要素法解析をしたとき，境界条件 $r=l_z$ で $0 \leq z \leq l_z$ のときに得られる $r$ 方向の合力を $F_1$，境界 $z=l_z$ で $0 \leq r \leq l_r$ のときに得られる $z$ 方向の合力を $F_2$ とすると

$$\int_0^{l_z} \sigma_r|_{r=l_r} dz = F_1, \quad \int_0^{l_r} \sigma_z|_{z=l_z} dr = F_2 \quad (1.55)$$

**(3) 補助問題2（図1.33の(c)）の境界条件**

一方，補助問題図1.33(c)の境界条件は

$$\left.\begin{array}{llll}
(\text{I}) & r=0 \text{ で } 0\leq z\leq l_z \text{ のとき}, & u_r=0, & \tau_{rz}=0 \\
(\text{II}) & r=l_z \text{ で } 0\leq z\leq l_z \text{ のとき}, & u_r=c_1, & \tau_{rz}=0 \\
(\text{III}) & z=0 \text{ で } 0\leq r\leq l_r \text{ のとき}, & u_z=0, & \tau_{rz}=0 \\
(\text{IV}) & z=l_z \text{ で } 0\leq r\leq l_r \text{ のとき}, & u_z=0, & \tau_{rz}=0
\end{array}\right\} \quad (1.56)$$

式 (1.56) の境界条件のもとで有限要素法解析をしたとき，境界条件 $r=l_z$ で $0\leq z\leq l_z$ のときに得られる $r$ 方向の合力を $F_3$，境界 $z=l_z$ で $0\leq r\leq l_r$ のとき得られる $z$ 方向の合力を $F_4$ とすると

$$\int_0^{l_z} \sigma_r|_{r=l_r} dz = F_3, \quad \int_0^{l_r} \sigma_z|_{z=l_z} dr = F_4 \quad (1.57)$$

(4) 二つの補助問題の重ね合わせによる問題の解

以上より，図 1.33 (a) の解 $(v_a, u_a)$ は，二つの補助問題，図 1.33 (b)，(c) の解を $(v_b, u_b)$，$(v_c, u_c)$ とするとき，次式で与えられる。

$$\sigma_a = \left(\sigma_b - \frac{F_1}{F_3}\sigma_c\right) \times \frac{(\sigma_0 \times \pi l_r^2)}{\left(F_2 - F_4 \dfrac{F_1}{F_3}\right)}, \quad u_a = \left(u_b - \frac{F_1}{F_3}u_c\right) \times \frac{(\sigma_0 \times \pi l_r^2)}{\left(F_2 - F_4 \dfrac{F_1}{F_3}\right)}$$

(1.58)

(5) 解析結果および考察（体積率 $V_I$ と投影面積率 $A_I$ について）

複合材料の等価縦弾性係数 $E$ を予測する問題では，$E$ を母材と介在物の縦弾性係数（$E_I$ と $E_M$）と体積率 $V_I$ で整理することが多い。いま，介在物の体積率 $V_I$ は，円柱状介在物（**図 1.34**（a））のとき $V_I = a^2 b/(l_r^2 l_x)$，回転だ円体

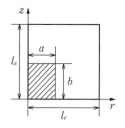 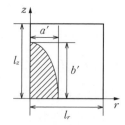 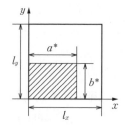

（a）3次元円柱状介在物　（b）3次元だ円体状介在物　（c）2次元長方形介在物

図 1.34　介在物の2次元と3次元ユニットセルモデル（図 1.32 再掲）

## 1.4 3次元周期配列を有する複合材料の等価縦弾性係数

状介在物(図(b))のとき $V_I=2a'^2b'/(3l_r^2l_x)$ である。また,著者らが指摘した,もう一つの重要な因子である介在物の荷重軸方向の投影面積率 $A_I{}^{1), 5)}$ は,両者とも $A_I=(a/l_y)^2=(a'/l_y)$ である。一方,長方形介在物(図(c))では,$V_I=a^*b^*/(l_xl_y)$,$A_I=a^*/l_x$ である。ここでは3次元配列ではユニットセルの寸法が $\pi \times l_r^2 \times l_x = \pi \times 1^2 \times 1$ の場合を,2次元配列ではユニットセルの寸法が $l_x \times l_y = 1 \times 1$ (板厚1)の場合を考察する。

ここで考察するような3次元軸対称モデルに,一般に複合則[7]と呼ばれる材料力学的考え方を適用すると,次のように評価できる。まず,図1.35 の $2\pi rdr$ 部分を考えると等価縦弾性係数 $E(r)$ は,直列モデルを考えることによって,次式で表される。

$$E(r)=\frac{l_z}{\dfrac{l(r)}{E_1}+\dfrac{l_z-l(r)}{E_M}} \tag{1.59}$$

さらに,全体の等価縦弾性係数 $E$ の近似式は,部分を並列に並べたものとみなすことによって次式で与えられる。

$$E^*=\frac{1}{\pi l_r^2 l_z}\int_0^{l_r}\frac{l_r}{\dfrac{l(r)}{E_1}+\dfrac{l_z-l(r)}{E_M}}2\pi rdr \tag{1.60}$$

以下では,このような複合則に基づく近似式の誤差についても検討する。

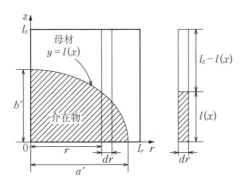

図1.35 式(1.60)の説明

## （6） 円柱状介在物と回転だ円体状介在物との比較

解析には軸対称4節点要素を用いて行った。**円柱状介在物**では要素数2500，節点数2601である。**回転だ円体状介在物**では要素数1500，節点数1551である。ポアソン比は，母材と介在物の両方で $\nu_I = \nu_M = 0.3$ とした。

**図1.36，1.37** は上記の方法で解析した円柱状介在物の等価縦弾性係数と回転だ円体状介在物の等価縦弾性係数とを比較したものである。図1.36，1.37

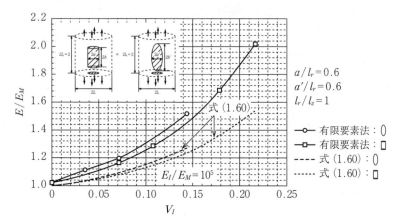

図1.36　$E/E_M$ と $V_I$ の関係（$E_I/E_M = 10^5$ のとき）

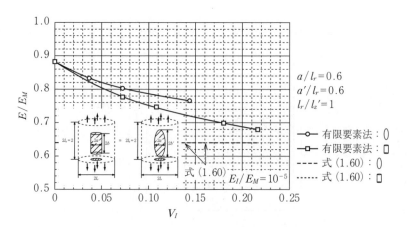

図1.37　$E/E_M$ と $V_I$ の関係（$E_I/E_M = 10^{-5}$ のとき）

より，① $a=a'$（投影面積率 $A_l$ が等しい），② $\pi a^2(2b)=(4/3)\pi a'^2(b')$（体積率 $V_l$ が等しい）という条件を満足するとき，両者の等価縦弾性係数はほぼ等しいことがわかる．すなわち，介在物形状が円柱状や回転だ円体状と異なっても次の二つの条件

① 介在物の**荷重軸方向の投影面積率** $A_l$ が等しい
② 介在物の**体積率** $V_l$ が等しい

を満たす等価な介在物に置き換えて，もとの介在物の周期配列の等価縦弾性係数を評価してもよいものと考えられる（**図 1.38**）．このような近似は，もとの介在物形状がだ円体または円柱で近似できる場合には有効である．

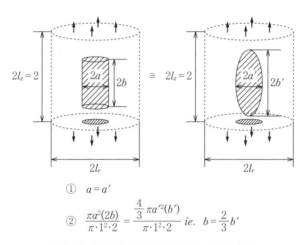

① $a=a'$

② $\dfrac{\pi a^2(2b)}{\pi \cdot 1^2 \cdot 2} = \dfrac{\frac{4}{3}\pi a'^2(b')}{\pi \cdot 1^2 \cdot 2}$ ie. $b=\dfrac{2}{3}b'$

**図 1.38** 見かけの弾性係数が等しくなる条件

## 1.5 介在物の2次元周期配列と3次元周期配列の等価縦弾性係数の関係

**（1） 長方形介在物の2次元配列と円柱状介在物の3次元配列**

図 1.39～1.42 は**長方形介在物**の2次元配列（平面ひずみ）と**円柱状介在物**の3次元配列を比較した結果である．これらの図で，介在物の体積率は $V_l =$

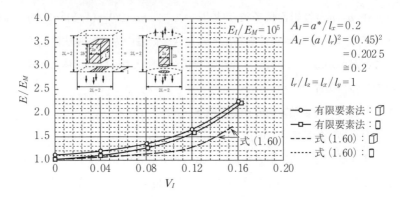

図 1.39　$E/E_M$ と $V_I$ の関係（$A_I \cong 0.2$ のとき）

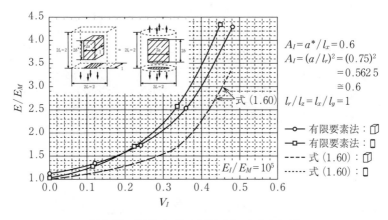

図 1.40　$E/E_M$ と $V_I$ の関係（$A_I \cong 0.6$ のとき）

$(a/l_r)^2(b/l_z)$（円柱），$V_I = (a^*/l_x)^2(b^*/l_y)$（長方形）である。例えば，図 1.39, 1.40 の比較から $V_I$ が同じでも $A_I$ が異なれば $E$ は異なることがわかる。一方，図 1.39～1.42 より介在物の配列方法等が異なっても

① 介在物の荷重軸方向の投影面積率 $A_I$ が等しい

② 介在物の体積率 $V_I$ が等しい

という二つの条件を満足すれば，長方形介在物の2次元配列（平面ひずみ）と円柱状介在物の3次元配列の等価縦弾性係数はほぼ等しいことがわかる（**図 1.43**）。このことを利用すれば，2次元配列問題の解から3次元配列問題の解

## 1.5 介在物の2次元周期配列と3次元周期配列の等価縦弾性係数の関係

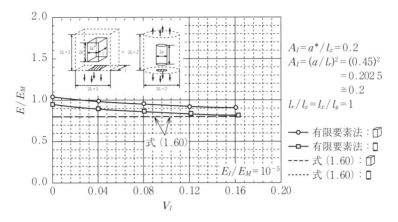

図1.41 $E/E_M$ と $V_I$ の関係（$A_I \cong 0.2$ のとき）

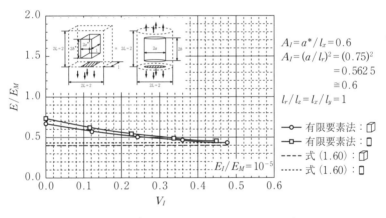

図1.42 $E/E_M$ と $V_I$ の関係（$A_I \cong 0.6$ のとき）

を合理的に予想可能である．前項の議論から，もとの介在物形状がだ円体や円柱でよく近似できる場合には2次元長方形モデルによる解析は有効であると考えられる．図1.36，1.37および図1.39～1.42には，近似式 (1.60) の値も示した．簡単のため，ここでは，ユニットセルの寸法は $\pi \times l_r^2 \times l_x = \pi \times 1^2 \times 1$ で，母材と介在物のポアソン比 $\nu_I = \nu_M = 0.3$ とした．極端な $E_I/E_M = 10^5$ の場合を考えているので，最大 $-29\%$（図1.40の $V_I \cong 0.36$ のとき），$E_I/E_M = 10^{-5}$ の場合で，最大 $-40\%$（図1.42の $V_I = 0$ のとき）の誤差が認められる．

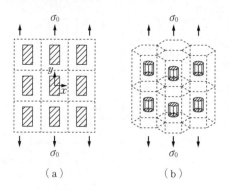

**図 1.43** 介在物の 2 次元と 3 次元配列（ユニットセルモデル）

## （2） 3 次元問題のまとめ

上記において，介在物が周期的に 3 次元配列をなす複合材料の等価縦弾性係数を考察した。特に，介在物の 2 次元周期配列（平面ひずみ）とも比較検討して，両者の等価縦弾性係数の関係を明らかにした。なお，簡単のため，本解析では母材と介在物のポアソン比 $\nu_I = \nu_M = 0.3$ とした。結論をまとめると次のようになる。

① 介在物の 2 次元周期配列（平面ひずみ）と介在物の 3 次元周期配列の等価縦弾性係数の比較を行った結果，2 次元と 3 次元にかかわらず介在物の荷重軸方向の投影面積率 $A_I$ が等しいという条件を満たせば等価縦弾性係数はほぼ等しいことが明らかとなった（図 1.39～1.42）。したがって，介在物の 2 次元配列を有限要素法解析することによって介在物の 3 次元配列の $E$ を合理的に求めることができる。

② 円柱介在物の等価縦弾性係数と回転だ円体状介在物の等価縦弾性係数を比較した結果，介在物の荷重軸方向の投影面積率 $A_I$ が等しいという条件と介在物の体積率 $V_I$ が等しいという条件を満たせば両者はほぼ等しいことが明らかとなった（図 1.36，1.37）。したがって，介在物形状がだ円体状や円柱でよく近似できる場合には，複雑な 3 次元周期配列を単純な長方形

介在物の2次元周期配列で置換えて解析することが有用であると考えられる。

以上の結論は厳密には図1.43のユニットセルモデルに対して得られたものであり，実際の介在物は一般的に不規則な形状，寸法，配列を有する。しかし，この場合にも，1.3節で考察したことから，介在物の$A_I$と$V_I$に注目し，モデル化や等価縦弾性係数の考察を行うことは有用と考えられる。

# 2. 母材中に存在する介在物により生じる応力集中（無限板，無限体）

　一般に用いられている強化型の複合材料中には多数の高強度繊維などの強化材（介在物または異材と総称する）が分布している。構造物の変形や応力を調べる場合には，これら異材の複合材料全体への影響を取り扱う必要があり，等価弾性係数はその一つである。一方，このように母材とは異なる異材が存在すると，母材との接合面には応力集中が生じる。異種材料を挿入して複合化を図り，安全性を高めようとして挿入された異種材料は構造材にとっては強化材として作用する一方で，不均質部となるため，その強度への影響を把握する必要がある。このため，構造物中に存在する空か・穴などの応力集中に加えて，介在物による応力集中現象を理解することは設計技術を高める上で重要である。

　本章では，基本的な介在物形状とみなされるだ円形介在物（2次元）や回転だ円体状介在物（3次元）が単独で存在する場合，それら介在物の形状や母材との剛性比の変化に対して，どのような応力集中が生じるかを説明する。また，複数個の介在物が並んで存在する場合には相互の介在物間が干渉し合って，応力集中の大きさが変化する。干渉効果は，介在物間の間隔や個数，さらには並んだ方向と加わる力の方向との関係によっても影響されるので，これらの要因の影響について説明する。介在物形状に関しては，3次元的な形状が問題となる場合も多いので，より基本的な2次元的形状の介在物と比べてどのような違いがあるかについても述べる。

**記号の説明**

　**応力集中係数**：$K_t$

$$\sigma_{x,y,z}, \ \sigma_{\theta,r}, \ \sigma_n, \ \tau_n, \ \sigma_t$$

　遠方応力：$\sigma_0$,

$$\sigma_x^\infty, \ \sigma_y^\infty, \ \sigma^\infty$$

$$\sigma_{max} \ (=\sigma_{jmax} \text{の最大値}), \ \sigma_{net}, \ \sigma$$

　単一介在物の応力（主応力）：$\sigma_1$

　縦弾性係数：$E_I, \ E_M$

ポアソン比：$\nu_M$, $\nu_I$
無次元化最大応力：$S_{jmax} = \sigma_{jmax}/\sigma_1$
応力拡大係数：$K_{I,\lambda_1,k}$, $K_{II,\lambda_1,k}$
　　　　　　　$K_{I,\lambda_2,k}$, $K_{II,\lambda_2,k}$
無次元化応力拡大係数：$F_{I,\lambda_1}$, $F_{I,\lambda_2}$, $F_{II,\lambda_1}$, $F_{II,\lambda_2}$
　　　　　　　　　　　$F_\sigma$, $F_I$, $F_{II}$
　　　　　　　　　　　$F_{I,max,N}$
座標：$x, y, z$
　　　$r, z, \theta, \varphi$：パラメトリックアングル

## 2.1　介在物による応力集中

**図2.1**に繊維強化プラスチックの異材（強化繊維）を起点とする破壊の様子を模式的に示す。**図2.2**は強化材から疲労破壊が進んだ破面を示すもので，繊維強化材を起点とする破壊の基本的パターンである。また，**図2.3**は$10^7$回を超える超高サイクル（ギガサイクル）疲労破面で観察された介在物を起点として破壊が生じた例である。このように，複合材料における設計のもとになる破壊限界特性を求める上で，破壊の起点となる介在物周辺基地の応力分布や破壊条件を知ることは材料選定や設計を行う上で欠かすことができない。

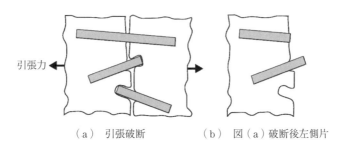

　　　（a）引張破断　　　　（b）図（a）破断後左側片

**図2.1**　短繊維強化プラスチックの破壊メカニズムの模式図[1]

　これ以降は，介在物と基地との境界を含めた基地側に注目して，この部分の応力集中に焦点を当てて説明する。このような応力集中に関する問題については，多くの研究者により研究・解析が行われているほか，「応力集中ハンド

46   2. 母材中に存在する介在物により生じる応力集中（無限板，無限体）

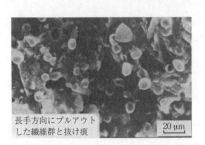

図 2.2 繊維配向方向に直交する破面（ガラス繊維強化フェノール樹脂）[1]

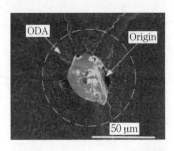

（ODA：Optical Dark Area（微細凹凸状破面））

図 2.3 疲労破壊起点となった介在物と ODA[2]

ブック」などにも弾性計算結果が引用されている[3]。介在物の形状として，**だ円形介在物**（2 次元）やだ**円体状介在物**（3 次元）の問題に関しては，いくつかの解析的研究がなされている。しかし，厳密解として提案されている式の中にも，比較的大きな誤差を含んでいるものがあるばかりでなく，多くの場合，研究成果は実際の設計資料としては便利な形で与えられていない。このように見てくると，介在物による応力集中の解析は一見尽くされてきたようであるが，見方によっては新しい問題といえる。

### 2.1.1 円形，球状介在物
#### （1） 介在物が空孔または剛体の場合の最大応力

弾性力学の分野で，比較的古くから取り扱われている基本的な介在物モデルとしては，**円形介在物**（2 次元），**球か**，球体，回転体（3 次元）などが挙げられる。**図 2.4** には，これらの介在物が一軸引張りを受ける場合を示す。図 2.4 で，板母材の縦弾性係数，ポアソン比を $E_M$, $\nu_M$, 介在物では $E_I$, $\nu_I$ とする。まず，図（a）に示すように，無限板中に**円形介在物**が 1 個存在する 2 次元問題における場合を，介在物の応力集中の基礎と考えてよい。もし，ここで介在物の剛性がごく小さい場合（$E_I \fallingdotseq 0$），介在物は実質的には円孔と等価とみなされる。言い換えれば，円孔はきわめて小さい剛性の介在物とみなすことができ

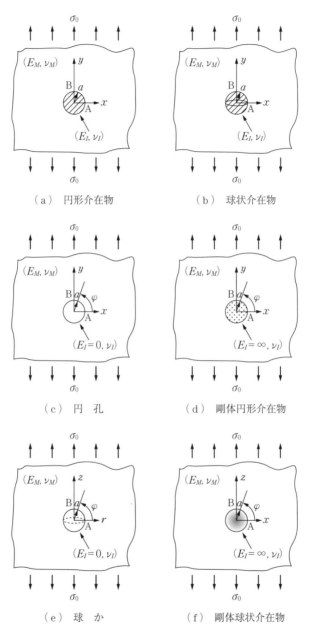

図 2.4　一軸引張応力 $\sigma_0$ を受ける介在物の基本モデル

るので，介在物のモデルとしても重要である．以上，図2.4に示した一軸引張りを受ける各種の介在物における応力集中の特徴を理解するため，主として最大応力とその発生位置について述べる．詳細は後述する図2.5〜2.7に示す．

まず，図2.4（c）に示す**円孔**による応力集中の問題を考える．点A（$\varphi=0°$）における母材側の**応力集中係数** $K_{tA}$ と点Aにおける最大応力 $\sigma_{yA}$ は，次のようになる．

$$K_{tA}=3, \quad \sigma_{yA}=3\sigma_0 \quad (\varphi=0,\ E_I=0)$$

つぎに，図2.4（d）に示す一軸引張りを受ける広い板の中に，一つの**剛体円形介在物**が存在し，界面は完全に接合されている場合を考える．最大応力は図（d）の点B（$\varphi=90°$）付近に生じ，その値は，孔の場合より低い．一般の**円形介在物**の場合には，$E_I < E_M$ か，$E_I > E_M$ かによって最大応力が生じる場所が変わり，最大応力の値も変わる．$E_I=\infty$ のときの最大応力 $\sigma_1$（界面の主応力）の値は，次のようになる．

$$\sigma_1=1.537\sigma_0 \quad (\varphi=71.4°,\ E_I=\infty)$$

**剛体円形介在物**と完全接着状態にある点Aの板側の界面の $y$ 方向ひずみは0となるが，このことは必ずしも $\sigma_{yA}=0$ を意味していない．この性質は**剛体円形介在物**でも剛体球状介在物でも同じである．これは，一般化されたフックの法則の式より明らかである．

つぎに，図2.4（b）のように，無限体中に球状介在物が存在する場合を考える．もし，ここで介在物の剛性がごく小さい場合（すなわち，$E_I \fallingdotseq 0$）には，介在物は図2.4（e）に示す球状の空洞（球か）とみなせる．それを地球に見立てれば最大応力は赤道上に生じ，その値は以下のようになる．

$$K_t = \frac{27-15\nu}{2(7-5\nu)}\sigma_0, \quad \sigma_{zA}=\frac{27-15\nu}{2(7-5\nu)}\sigma_0 \quad (\varphi=90°,\ E_I=0)$$

すなわち，最大応力は材料のポアソン比 $\nu$ に依存する．例えば，$E_I=0$ においては，最大応力は次のようになる．

$$\sigma_{zA}=1.929\sigma_0 \quad (\nu=0,\ E_I=0)$$
$$\sigma_{zA}=2.045\sigma_0 \quad (\nu=0.3,\ E_I=0)$$

これらの値は，2次元円孔の**応力集中係数** $K_t=3$ のおよそ2/3に相当する。

つぎに，図2.4（f）のように球状介在物が剛体（$E_I=\infty$の場合）で，界面が完全に接着している場合を考える。この場合，最大応力 $\sigma_1$ は，図の点Bから少し離れた $\varphi=68.0°$ に界面の主応力として生じ，その値は以下のようになる。

$\sigma_1=2.042\sigma_0$ （$\varphi=68.0°$，$E_I=\infty$）

この値は，球かの応力集中にほぼ等しく，**剛体円形介在物**の応力集中 $\sigma_1=1.537\sigma_0$ よりかなり大きい。以上の円形介在物と球状介在物の議論をまとめると**表2.1**のようになる[4]。表に示されている内容の理解を助けるために**図2.5**を用いて説明する。

図2.5は，図2.4の結果によりもたらされる疲労破壊の概念図であり，図2.5（a）は円孔の場合の破壊状態である。点A部の応力集中により，そこか

**表2.1** 円形介在物と球状介在物の体積力法により求めた応力集中のまとめ

| 介在物の剛性 | $E_I/E_M=0$（孔） | $E_I/E_M=\infty$（剛体） |
|---|---|---|
| 円形介在物の最大応力と発生位置[2] | $\sigma_{yA}=3\sigma_0$（$\varphi=0°$）<br>（図2.4（c）） | $\sigma_1=1.537\sigma_0$（$\varphi=71.4°$）<br>$\sigma_{yB}=1.510\sigma_0$（$\varphi=90°$）<br>（図2.4（d）） |
| 球状介在物の最大応力と発生位置[2] | $\sigma_{zA}=2.045\sigma_0$（$\varphi=0$，<br>$\nu=0.3$）<br>（図2.4（e）） | $\sigma_1=2.042\sigma_0$（$\varphi=68.0°$）<br>$\sigma_{zB}=1.938\sigma_0$（$\varphi=90°$）<br>（図2.4（f）） |

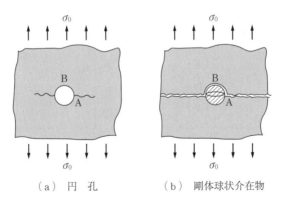

　（a）円　孔　　　　　（b）剛体球状介在物

**図2.5** 一軸引張応力 $\sigma_0$ の繰り返しを受ける円孔と剛体球状介在物を起点とする疲労破壊の様子

らほぼ垂直にき裂が生じ，進展する。図（b）は無限体母材よりも大きな剛性を有する球状介在物の場合の破壊状態である。点B部の応力集中により，そこから無限体の基地組織が球状介在物から引き剥されるようにして破壊が進展する。

（2） 介在物が剛体または空かの場合の境界に沿った応力分布

図2.6に無限板中に**剛体円形介在物**が存在する場合の境界上の応力分布を示す。また，図2.7に無限体中に剛体球状介在物が存在する場合の境界上の応力分布を示す。両者を比較すると応力分布状態は類似し，最大応力は，それぞれ±90°付近に生じ，球状介在物のほうがおよそ30％大きい。つぎに，図2.8に無限板中に剛体と対極をなす円孔が存在する場合の境界上の応力分布を示す。

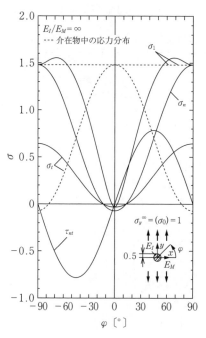

$(a/b=1,\ \sigma_x^\infty=0,\ \sigma_y^\infty=1,\ E_I/E_M=\infty,\ \nu_M=\nu_I=0.3)$

図2.6 無限板中にある剛体円形介在物の境界上の応力分布[4]

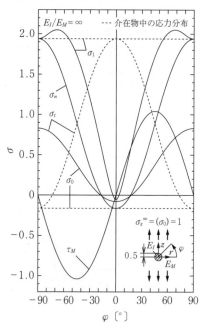

$(a/b=1,\ \sigma_r^\infty=0,\ \sigma_z^\infty=1,\ E_I/E_M=\infty,\ \nu_M=\nu_I=0.3)$

図2.7 無限体中にある剛体球状介在物の境界上の応力分布[4]

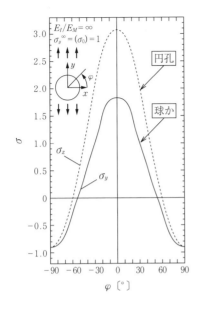

図 2.8 無限板（体）中に円孔または球かが1個存在する場合の境界上の応力分布[4]

図において，最大値は円孔の 3 に対して球かの場合では $\sigma_t = 2.045$ であり，球かと剛体球状介在物の $\sigma_t = 2.042$ とではほぼ等しい。

(3) **介在物の剛性が一般的な場合の境界に沿った応力分布**

図 2.9 に，一般的な剛性比 ($E_I/E_M$) における円形介在物境界上の応力分布を，$E_I/E_M = 0.5$ と，$E_I/E_M = 2.0$ の場合を例として示す．介在物が存在することによる母材と介在物界面の強度を問題にする場合，$E_I < E_M$ のときには，界面上の $\sigma_t$ の最大値（$\varphi = 0$）に注目すればよい．また，$E_I > E_M$ のときには，界面のはく離が問題となるので，界面上の $\sigma_n$（$\varphi = 90°$）に注目すればよい．これは，さきの円孔や**剛体円形介在物**の場合の最大応力と同様である．

ここで，境界に生じる応力について整理しておきたい．これまで示してきた応力は，すべて境界上の応力成分であり，$\sigma_1$ は**最大主応力**，$\sigma_n$ は法線方向の**垂直応力**，$\sigma_t$ は接線方向（$\varphi$ 方向）の垂直応力，$\tau_{nt}$ は接線方向（$\varphi$ 方向）の**せん断応力**である．境界上の主応力は，境界上の応力 $\sigma_n$, $\sigma_t$, $\tau_{nt}$ から求まる界面の各点における最大応力である．図 2.10 では円周方向の垂直応力 $\sigma_\theta$（図中で $\theta = 0$）も示されているが，ほかの応力に比べて小さい．

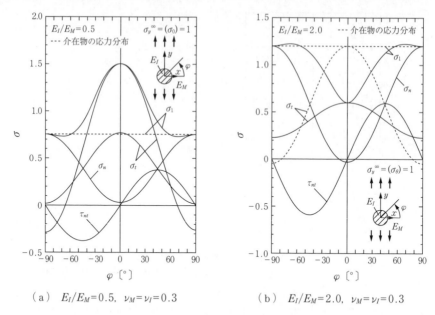

(a) $E_I/E_M=0.5$, $\nu_M=\nu_I=0.3$   (b) $E_I/E_M=2.0$, $\nu_M=\nu_I=0.3$

図2.9 円形介在物の応力分布[4]

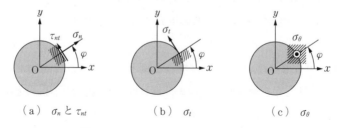

(a) $\sigma_n$と$\tau_{nt}$   (b) $\sigma_t$   (c) $\sigma_\theta$

図2.10 $\sigma_n$, $\tau_{nt}$, $\sigma_t$, $\sigma_\theta$の説明（3次元）

また，図2.6と図2.7には界面上の介在物側の応力 $\sigma_1$, $\sigma_t$ も示されている。界面上の境界条件は

$$\sigma_{nM}=\sigma_{nI}, \quad \tau_{ntM}=\tau_{ntI}$$

であるので，界面上の介在物側の $\sigma_n$, $\tau_{nt}$ は母材の $\sigma_n$, $\tau_{nt}$ と等しい。介在物内に作用する応力は，主応力が一定になっていることからわかるように，母材の $\varphi=\pm 90°$ における $\sigma_n$ の応力が一様引張応力として介在物に作用する。

## 2.1.2 だ円形介在物,回転だ円体状介在物

これまでは,球か剛体球状介在物の応力集中を議論したが,介在物は理想的な円または球とは限らない。そこで,次のステップとして,介在物がだ円形,あるいは回転だ円体である場合について考える。このような,介在物の形状や剛性比が変化する場合,応力集中はどのようになるであろうか。荷重として,これまで同様,図2.11(a)のように遠方で一様な$y$軸方向の引張応力$\sigma_y$($=\sigma_0$)を受ける無限板中の1個のだ円形介在物と,図(b)のように遠方で一様な$z$方向の引張応力$\sigma_z$を受ける無限体中の回転だ円体状介在物を考える。

これらだ円形やだ円体の形状比$a/b$と,剛性比$E_I/E_M$を系統的に変化させたときの最大応力$\sigma_{max}$と,その発生位置を表2.2に示す。ここで,最大応力の位置は,だ円のパラメトリックアングル$\varphi$で表している(図(c)参照)。

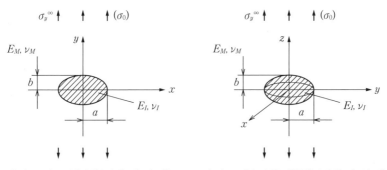

(a) 1個のだ円形介在物(2次元)　　(b) 1個の回転だ円体介在物(3次元)

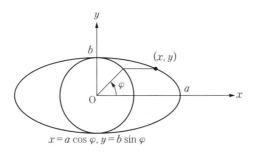

$x = a \cos\varphi, y = b \sin\varphi$

(c) パラメトリックアングル$\varphi$

**図2.11** 1個のだ円形介在物(形状比$a/b$)の問題[4]

54　2. 母材中に存在する介在物により生じる応力集中（無限板，無限体）

**表 2.2** 体積力法によるだ円形介在物とだ円体状介在物の最大応力とその位置[2]
($\sigma_x^\infty = 0, \sigma_y^\infty = 1, \sigma_z^\infty = 0, \sigma_z^\infty = 1, \nu_M = \nu_I = 0.3$)

| 形状 | 場所 | $a/b$ | $E_I/E_M=0$ | | $E_I/E_M=0.2$ | | $E_I/E_M=0.5$ | | $E_I/E_M=0.65$ | | $E_I/E_M=0.8$ | | $E_I/E_M=0.94$ | | $E_I/E_M=1.25$ | | $E_I/E_M=1.82$ | | $E_I/E_M=2.0$ | | $E_I/E_M=5.0$ | | $E_I/E_M=\infty$ | |
|---|---|---|---|---|---|---|---|---|---|---|---|---|---|---|---|---|---|---|---|---|---|---|---|---|
| | | | [°] | $\sigma_{max}$ | [°] | $\sigma_{max}$ | [°] | $\sigma_{max}$ | [°] | $\sigma_{max}$ | [°] | $\sigma_{max}$ | [°] | $\sigma_{max}$ | [°] | $\sigma_{max}$ | [°] | $\sigma_{max}$ | [°] | $\sigma_{max}$ | [°] | $\sigma_{max}$ | [°] | $\sigma_{max}$ |
| 母材 (円形) | | 8 | 0.0 | 16.996 | 0.0 | 3.942 | 0.0 | 1.872 | 0.0 | 1.487 | 0.0 | 1.232 | 0.0 | 1.060 | 18.3 | | 17.2 | | 16.8 | | 15.1 | | 14.0 | 1.269 |
| | | 4 | 0.0 | 9.000 | 0.0 | 3.425 | 0.0 | 1.797 | 0.0 | 1.453 | 0.0 | 1.218 | 0.0 | 1.057 | 33.8 | | 32.7 | | 32.5 | | 30.7 | | 29.3 | 1.185 |
| | | 2 | 0.0 | 5.000 | 0.0 | 2.778 | 0.0 | 1.670 | 0.0 | 1.392 | 0.0 | 1.193 | 0.0 | 1.051 | 54.0 | | 53.6 | | 53.6 | | 53.0 | | 52.6 | 1.269 |
| | | 1 | 0.0 | 3.000 | 0.0 | 2.139 | 0.0 | 1.498 | 0.0 | 1.303 | 0.0 | 1.153 | 0.0 | 1.041 | 70.6 | | 70.7 | | 70.8 | | 71.2 | | 71.4 | 1.537 |
| | | 1/2 | 0.0 | 2.000 | 0.0 | 1.646 | 0.0 | 1.319 | 0.0 | 1.203 | 0.0 | 1.106 | 0.0 | 1.029 | 80.0 | | 80.2 | | 80.3 | | 80.7 | | 80.9 | 2.109 |
| | | 1/4 | 0.0 | 1.500 | 0.0 | 1.337 | 0.0 | 1.182 | 0.0 | 1.120 | 0.0 | 1.055 | 0.0 | 1.019 | 84.9 | | 85.1 | | 85.1 | | 85.3 | | 85.5 | 3.266 |
| | | 1/8 | 0.0 | 1.250 | 0.0 | 1.169 | 0.0 | 1.097 | 0.0 | 1.066 | 0.0 | 1.036 | 0.0 | 1.010 | 87.4 | | 87.5 | | 87.5 | | 87.6 | | 87.6 | 5.588 |
| 介在物 (円形) | | 8 | — | | 0.0-180. | 0.826 | 0.0-180. | 0.952 | 0.0-180. | 0.974 | 0.0-180. | 0.988 | 0.0-180. | 0.997 | 0.0-180. | 1.009 | 0.0-180. | 1.019 | 0.0-180. | 1.021 | 0.0-180. | 1.026 | 0.0-180. | 1.011 |
| | | 4 | | | | 0.710 | | 0.909 | | 0.950 | | 0.976 | | 0.994 | | 1.019 | | 1.043 | | 1.047 | | 1.073 | | 1.082 |
| | | 2 | | | | 0.566 | | 0.840 | | 0.907 | | 0.955 | | 0.988 | | 1.039 | | 1.092 | | 1.103 | | 1.174 | | 1.225 |
| | | 1 | | | | 0.426 | | 0.748 | | 0.846 | | 0.922 | | 0.978 | | 1.072 | | 1.179 | | 1.203 | | 1.370 | | 1.510 |
| | | 1/2 | | | | 0.321 | | 0.656 | | 0.780 | | 0.884 | | 0.968 | | 1.116 | | 1.308 | | 1.352 | | 1.712 | | 2.080 |
| | | 1/4 | | | | 0.260 | | 0.588 | | 0.727 | | 0.852 | | 0.957 | | 1.161 | | 1.454 | | 1.530 | | 2.235 | | 3.219 |
| | | 1/8 | | | | 0.228 | | 0.546 | | 0.692 | | 0.829 | | 0.950 | | 1.197 | | 1.588 | | 1.697 | | 2.904 | | 5.499 |
| 母材 (体状) | | 8 | 0.0 | 10.970 | 0.0 | 3.483 | 0.0 | 1.802 | 0.0 | 1.458 | 0.0 | 1.223 | 0.0 | 1.059 | 16.0 | | 15.3 | | 15.1 | | 14.3 | | 14.1 | 1.446 |
| | | 4 | 0.0 | 5.868 | 0.0 | 2.914 | 0.0 | 1.702 | 0.0 | 1.412 | 0.0 | 1.203 | 0.0 | 1.054 | 30.2 | | 29.4 | | 29.2 | | 28.3 | | 27.9 | 1.345 |
| | | 2 | 0.0 | 3.313 | 0.0 | 2.263 | 0.0 | 1.544 | 0.0 | 1.331 | 0.0 | 1.167 | 0.0 | 1.045 | 49.8 | | 49.4 | | 49.4 | | 49.0 | | 48.9 | 1.504 |
| | | 1 | 0.0 | 2.045 | 0.0 | 1.695 | 0.0 | 1.348 | 0.0 | 1.222 | 0.0 | 1.116 | 0.0 | 1.032 | 67.3 | | 67.5 | | 67.5 | | 67.7 | | 68.0 | 2.042 |
| | | 1/2 | 0.0 | 1.440 | 0.0 | 1.324 | 0.0 | 1.181 | 0.0 | 1.120 | 0.0 | 1.065 | 0.0 | 1.019 | 78.4 | | 78.5 | | 78.5 | | 78.8 | | 79.0 | 3.416 |
| | | 1/4 | 0.0 | 1.172 | 0.0 | 1.132 | 0.0 | 1.079 | 0.0 | 1.054 | 0.0 | 1.030 | 0.0 | 1.009 | 84.1 | | 84.2 | | 84.2 | | 84.4 | | 84.5 | 7.031 |
| | | 1/8 | 0.0 | 1.063 | 0.0 | 1.049 | 0.0 | 1.030 | 0.0 | 1.021 | 0.0 | 1.012 | 0.0 | 1.004 | 87.1 | | 87.2 | | 87.1 | | 87.2 | | 87.2 | 17.244 |
| 介在物 (体状) | | 8 | — | | 0.0-180. | 0.771 | 0.0-180. | 0.934 | 0.0-180. | 0.964 | 0.0-180. | 0.984 | 0.0-180. | 0.996 | 0.0-180. | 1.012 | 0.0-180. | 1.027 | 0.0-180. | 1.029 | 0.0-180. | 1.035 | 0.0-180. | 1.010 |
| | | 4 | | | | 0.633 | | 0.876 | | 0.930 | | 0.966 | | 0.991 | | 1.058 | | 1.064 | | 1.071 | | 1.111 | | 1.128 |
| | | 2 | | | | 0.478 | | 0.785 | | 0.872 | | 0.936 | | 0.983 | | 1.058 | | 1.141 | | 1.159 | | 1.281 | | 1.378 |
| | | 1 | | | | 0.347 | | 0.679 | | 0.797 | | 0.894 | | 0.971 | | 1.106 | | 1.275 | | 1.315 | | 1.627 | | 1.938 |
| | | 1/2 | | | | 0.266 | | 0.591 | | 0.729 | | 0.852 | | 0.958 | | 1.160 | | 1.454 | | 1.531 | | 2.250 | | 3.280 |
| | | 1/4 | | | | 0.226 | | 0.539 | | 0.685 | | 0.824 | | 0.948 | | 1.206 | | 1.624 | | 1.744 | | 3.146 | | 6.768 |
| | | 1/8 | | | | 0.209 | | 0.515 | | 0.663 | | 0.809 | | 0.943 | | 1.232 | | 1.736 | | 1.888 | | 4.034 | | 16.597 |

だ円の位置との関係は，次のとおりである．

$$\begin{cases} x = a\cos\varphi \\ y = b\sin\varphi \end{cases}, \quad \begin{cases} r = a\cos\varphi \\ z = b\sin\varphi \end{cases}$$

最大応力値と弾性係数比の関係について，**だ円形介在物**の場合を**図2.12**に，また，回転だ円体状介在物の場合を**図2.13**に示す．図2.12と図2.13で，同一形状比$a/b$と同一弾性係数比$E_I/E_M$の結果を比較すると，介在物の弾性係数$E_I$が母材の弾性係数$E_M$より大きい場合，すなわち弾性係数比$E_I/E_M>1$のとき，**回転だ円体状介在物**の最大応力の値が，だ円形介在物の最大応力より，形状比$a/b$のすべての範囲で大きい．逆に介在物の弾性係数が母材の弾性係数より小さい場合，すなわち$E_I/E_M<1$のとき，**回転だ円体状介在物**の最大応力が，**だ円形介在物**の最大応力よりも小さくなることがわかる．

また，$E_I/E_M>1$のときの応力集中は，2次元，3次元の双方とも$a/b<1$で顕著に現れ，$a/b>1$ならば最大でも**応力集中係数**は1.5程度（3次元では2程度）にすぎない．逆に$E_I/E_M<1$のときの応力集中は2次元，3次元の両者

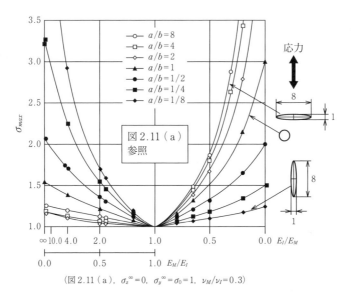

（図2.11（a），$\sigma_z^\infty=0$，$\sigma_y^\infty=\sigma_0=1$，$\nu_M/\nu_I=0.3$）

**図2.12** だ円形介在物の弾性係数比と最大応力（2次元）[4]

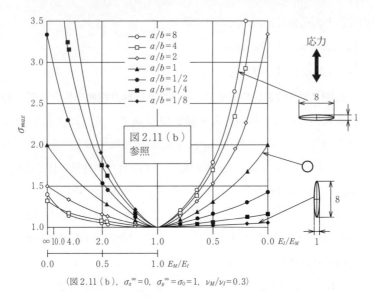

**図 2.13** だ円体状介在物の弾性係数比と最大応力（3次元）[4]

とも $a/b>1$ で3を超えて急激に大きくなる。一方で，$a/b<1$ ならば最大でも応力集中係数は3程度（3次元では2.0程度）である。

## 2.2 2個の介在物による応力集中の干渉

　穴，切欠き，介在物などの欠陥が複数個存在するとき，その**干渉効果**によって，これらが単独に存在する場合よりも，"危険側になる場合" と "安全側になる場合" がある。ボルト穴や軸用の穴などが構造物中に近接して，複数配列されていることは実用上多い。このように複数個の孔を有する機械部品や構造物は多いので，干渉によって単独の応力集中とどのように異なるのかを知ることが必要となる。例えば，穴や球かの干渉を考えてみると，**図 2.14**（a）のような円孔の列方向引張りの場合の最大応力（図中(•)で示す）は1個の円孔よりも小さくなるが，図（c）のような列直角方向の引張りの場合では最大応力は大きくなる。すなわち，最大応力の値は

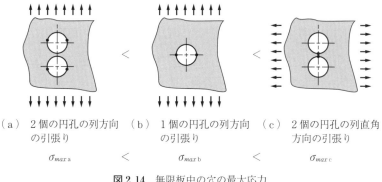

(a) 2個の円孔の列方向　(b) 1個の円孔の列方向　(c) 2個の円孔の列直角
　　の引張り　　　　　　　　の引張り　　　　　　　　方向の引張り

$\sigma_{max\,a}$ < $\sigma_{max\,b}$ < $\sigma_{max\,c}$

図 2.14　無限板中の穴の最大応力

（2個の円孔が引張方向に直列）＜（1個の円孔）＜（2個の円孔が
引張方向に並列）

となり，その発生位置も異なる．ここでは，解析精度の高い体積力法を用いて解析された無限板中の2個のだ円孔および無限板中の2個の回転だ円体球かの応力集中の**干渉効果**について説明する．

### 2.2.1　だ円孔やだ円孔球かが列方向引張りを受ける場合

無限板または無限体中に，**図 2.15** のように同じ形状で同じ大きさの2個の穴および**球か**が存在し，その列方向に引張りを受ける場合を考える．

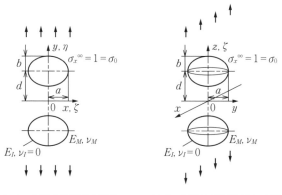

（a）2個の**だ円孔**の干渉　　（b）2個の**だ円体球か**の干渉

図 2.15　2個のだ円孔または球かの列方向の引張り

## (1) だ円孔およびだ円体状球かの境界上の応力分布

図2.16に無限板中に比較的近接した $(a/d=0.9)$ 2個の**円孔** $(a/b=1)$ の干渉効果を体積力法によって解析した結果を示す。円孔縁に沿った応力 $\sigma_t$ の分布を単独の**円孔**と比べて示している。また，図2.17に無限体中の2個の球か $(a/b=1)$ の干渉効果を，$a/d=0.9$ の場合について，**球か**境界に沿った応力を $\sigma_t$ ($\varphi$方向応力)，$\sigma_\theta$ ($\varphi$直角方向応力) に着目して示す。2次元の**干渉問題**（図2.16）と3次元の**干渉問題**（図2.17）の応力分布を比較すると，**応力集中係数**はいくぶん異なるものの，類似の分布を示し，最大応力は，$\varphi=0°$ 近傍で発生している。列方向引張りを受ける2個の**円孔**あるいは**球か**が近づく（$a/d$ が大きくなる）と，最大応力は**干渉効果**によって減少し，安全側の干渉となる。

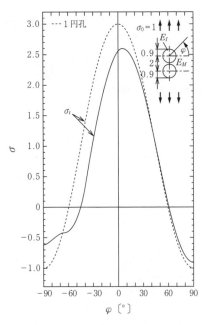

(図2.15(a))，$a/d=0.9$，$\nu_M=0.3$

**図2.16** 2個の円孔を列方向に引張る場合の境界上の応力分布[4)]

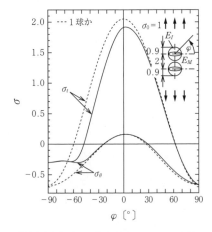

(図2.15(b))，$a/d=0.9$，$\nu_M=\nu_I=0.3$

**図2.17** 2個の球かを列方向に引張る場合の境界上の応力分布（3次元）[4)]

2個の**円孔の干渉効果**を比較すると（**表2.3**（a）参照），2個が無限遠（$a/d=0$）から接近（$a/d=0.9$）すると2次元の問題では最大応力値 $\sigma_{max}$ の変化率（低下）は13％であり，3次元の問題では2個の球かの場合，最大応力値 $\sigma_{max}$ の変化率は，7.1％（低下）である．このことから，2次元の問題のほうが最

**表2.3** 2個のだ円孔および球かの列方向引張りにおける最大応力とその発生位置
(a) $a/b=1$ の場合

| $a/b=1$ | | 2次元 | | | 3次元 | | |
|---|---|---|---|---|---|---|---|
| $E_I/E_M$ | $b/d$ | $\varphi$ [°] | $\sigma_{max}$ | $\sigma_{max}/\sigma_1$ | $\varphi$ [°] | $\sigma_{max}$ | $\sigma_{max}/\sigma_1$ |
| 0 | 0.0 | 0.0 | 3.000 0 | 1.000 0 | 0.0 | 2.045 5 | 1.000 0 |
| | 0.2 | 0.3 | 2.926 8 | 0.975 6 | 0.1 | 2.038 4 | 0.996 5 |
| | 0.5 | 3.2 | 2.714 6 | 0.904 9 | 1.2 | 1.979 9 | 0.967 9 |
| | 0.7 | 4.8 | 2.641 8 | 0.880 6 | 2.7 | 1.932 5 | 0.944 8 |
| | 0.8 | 5.3 | 2.623 3 | 0.874 4 | 3.3 | 1.914 7 | 0.936 1 |
| | 0.9 | 5.6 | 2.611 4 | 0.870 4 | 3.8 | 1.900 2 | 0.929 0 |

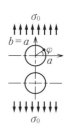

(b) $a/b=2$ の場合

| $a/b=2$ | | 2次元 | | | 3次元 | | |
|---|---|---|---|---|---|---|---|
| $E_I/E_M$ | $b/d$ | $\varphi$ [°] | $\sigma_{max}$ | $\sigma_{max}/\sigma_1$ | $\varphi$ [°] | $\sigma_{max}$ | $\sigma_{max}/\sigma_1$ |
| 0 | 0.0 | 0.0 | 5.000 0 | 1.000 0 | 0.0 | 3.313 0 | 1.000 0 |
| | 0.2 | 0.5 | 4.680 1 | 0.936 0 | 0.1 | 3.260 3 | 0.984 1 |
| | 0.5 | 2.4 | 4.235 2 | 0.847 0 | 1.6 | 3.021 9 | 0.912 1 |
| | 0.7 | 3.0 | 4.151 0 | 0.830 2 | 2.4 | 2.926 6 | 0.883 4 |
| | 0.8 | 3.2 | 4.130 2 | 0.826 0 | 2.7 | 2.894 0 | 0.873 5 |
| | 0.9 | 3.2 | 4.118 1 | 0.823 6 | 2.9 | 2.867 7 | 0.865 6 |

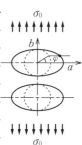

(c) $a/b=1/2$ の場合

| $a/b=1/2$ | | 2次元 | | | 3次元 | | |
|---|---|---|---|---|---|---|---|
| $E_I/E_M$ | $b/d$ | $\varphi$ [°] | $\sigma_{max}$ | $\sigma_{max}/\sigma_1$ | $\varphi$ [°] | $\sigma_{max}$ | $\sigma_{max}/\sigma_1$ |
| 0 | 0.0 | 0.0 | 2.000 0 | 1.000 0 | 0.0 | 1.440 3 | 1.000 0 |
| | 0.2 | 0.3 | 1.981 7 | 0.990 9 | 0.0 | 1.439 5 | 0.999 4 |
| | 0.5 | 3.6 | 1.905 7 | 0.952 9 | 0.7 | 1.428 5 | 0.991 8 |
| | 0.7 | 6.9 | 1.857 8 | 0.928 9 | 2.3 | 1.413 1 | 0.981 1 |
| | 0.8 | 8.1 | 1.842 6 | 0.921 3 | 3.2 | 1.405 1 | 0.975 6 |
| | 0.9 | 8.9 | 1.832 8 | 0.916 4 | 4.1 | 1.398 1 | 0.970 7 |

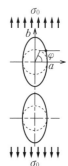

大応力値 $\sigma_{max}$ の干渉による低減効果が大きい。

**(2) 2個のだ円孔とだ円体状球かのそれぞれの応力集中の干渉効果**

だ円孔の形状比が $a/b = 1, 2, 1/2$ の場合，穴間の距離 $a/d$ を変化させて最大応力とその発生位置をまとめて表2.3に示す。これらの表で，単独孔の最大応力 $\sigma_{max}$ は干渉における最大応力に相当する。ここで，$\sigma_{max}$ は，接線方向応力 $\sigma_t$ の最大値で，$\sigma_1$ は単独（$a/d = 0$ に相当）の場合の値である。表に示した $\sigma_{max}/\sigma_1$ を2次元（実線）と3次元（破線）で比較して図2.18～2.20に示す。孔（$E_I/E_M = 0$）の場合，$b/d$ が大きくなる（孔どうしが近づく）につれて，**干渉効果**は安全側に現れる。また，**干渉効果**はすべての範囲で2次元問題のほうが大きく，その差は5％程度である。

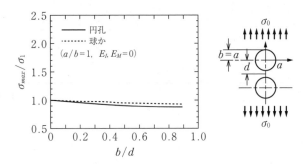

図2.18 列方向の引張りにおける2個の円孔の干渉効果 ($a/b = 1$)

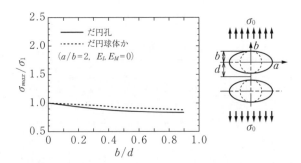

図2.19 列方向の引張りにおける2個のだ円孔の干渉効果 ($a/b = 2$)

## 2.2 2個の介在物による応力集中の干渉　61

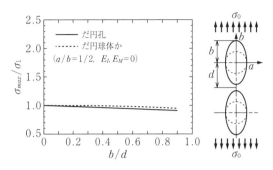

**図2.20** 列方向の引張りにおける2個のだ円孔の干渉効果 ($a/b=1/2$)

### （3）無限個のだ円孔列における応力集中の干渉効果

　無限個並んだ**だ円孔**の列方向引張りの場合に現れる応力集中の変化を**図2.21**に示す。表2.3と図2.21を見比べると，2個が無限個になると応力集中の低下率が増す。例えば，**円孔**では$b/d=0.5$の場合，1個の場合に対する応力低下は2個では0.90に対して，無限個ではおよそ0.7に低下する。**だ円孔**（$a/b=2$）では$b/d=0.5$の場合でも，応力低下は2個では0.85（表2.3（b））に対して無限個ではおよそ0.7となって，無限個のほうの低下率が大きい。

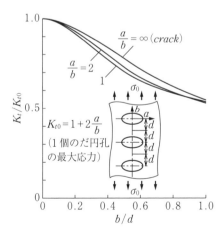

**図2.21** 無限個のだ円孔の列方向引張りにおける干渉効果

## 2.2.2 だ円孔やだ円体状球かが列直角方向引張りを受ける場合

無限板または無限体中に，**図 2.22** のように同じ大きさの 2 個の孔または**球か**が存在し，その列に直角方向に引張りを受ける場合を考える。

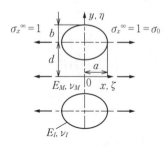
（a）2 個のだ円孔の干渉

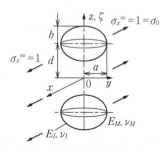
（b）2 個のだ円体球かの干渉

**図 2.22** 2 個のだ円孔または球かの列直角方向の引張り

### （1） 円孔および球かの場合

**図 2.23** に無限板中の 2 個の**円孔**（$a/b=1$）が $a/d=0.9$ 離れて存在する場合の**干渉効果**を**体積力法**によって解析した結果を示す。図には，円孔縁に沿った応力 $\sigma_t$ の分布を単独の**円孔**と比べて示している。また，**図 2.24** に無限体中

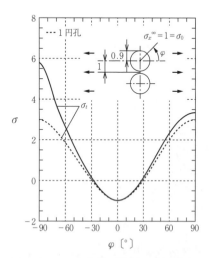

**図 2.23** 2 個の円孔の列直角方向引張りにおける境界上の応力分布（2 次元）[5]

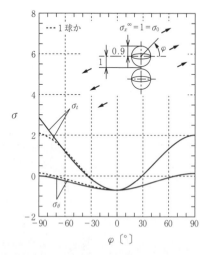

**図 2.24** 2 個の球かの列直角方向引張りにおける境界上の応力分布（3 次元）[5]

の2個の**球か** ($a/b=1$) の干渉効果を, $a/d=0.9$の場合について, 球か境界に沿った応力 $\sigma_t$, $\sigma_\theta$ の分布として示す。2次元の**干渉問題**(図2.23)と3次元の**干渉問題**(図2.24)の応力分布を比較すると,**応力集中係数**は異なるものの, 類似の分布となっていて, 最大応力は穴が最も接近する $\varphi=-90°$ 近傍で発生し干渉による応力が1個の場合よりも大きく, 危険側に現れている。

(2) **だ円孔およびだ円体状球かの場合**

介在物(穴)の形状比が**円孔**($a/b=1$)の場合に加えて,**だ円孔** $a/b=2$, $a/b=1/2$ の場合において, 介在物間の距離 $a/d$ を変化させて最大応力とその発生位置をまとめて**表2.4**に示す。表では2次元, 3次元双方を含めている。ここで, $\sigma_1$ は介在物が単独に存在する場合の最大応力, $\sigma_{max}$ は**干渉効果**による最大応力である。

表2.4の**干渉効果** $\sigma_{max}/\sigma_1$ を2次元(実線)と3次元(破線)とで比較して**図2.25～2.27**に示す。穴($E_I/E_M=0$)の場合, $b/d$ が大きくなる(穴が近接する)につれて,**干渉効果は危険側に大きく現れる**。なかでも $a/d$ の全範囲で2次元問題の**干渉効果**がしだいに大きくなり, $a/d=0.9$ では50%以上もの差に達するので注意を要する。

(3) **無限個のだ円孔における応力集中**

無限個並んだ**だ円孔**の列直角方向に引張りを受ける場合の孔の間隔と応力集中係数の関係[6]を**図2.28**に示す。列直角方向引張りを受ける条件における公称応力は, 無限遠で作用する応力 $\sigma_\infty$ とは異なる。この場合には, 介在物(穴)間の有効断面積における応力 $\sigma_{net}$ が公称応力になるので注意を要する。すなわち, 図2.28において示すとおり, 応力集中の定義式は

$$K_t = \frac{\sigma_{max}}{\sigma_{net}}, \quad \sigma_{net} = \frac{\sigma_\infty}{(1-\lambda)} \tag{2.1}$$

を使用することになる。ここで, $\lambda=b/d$ である。表2.4と図2.28を見比べると, 2個の干渉が無限個の干渉となった場合には応力集中の低下が大きくなる。例えば, $b/d=0.5$ の場合,**円孔**での応力集中は2個の円孔ではおよそ1でほとんど変化しない。無限個では応力集中係数は約0.5となって, 応力集中

**表 2.4** 2個のだ円孔2次元およびだ円体球か3次元の列直角方向引張りにおける最大応力とその発生位置[5)]

(a) $a/b=1$ の場合

| $a/b=1$ | | 2次元 | | | 3次元 | | |
|---|---|---|---|---|---|---|---|
| $E_I/E_M$ | $b/d$ | $\varphi$ [°] | $\sigma_{max}$ | $\sigma_{max}/\sigma_1$ | $\varphi$ [°] | $\sigma_{max}$ | $\sigma_{max}/\sigma_1$ |
| 0 | 0. | −90, 90 | 3.000 0 | 1.000 0 | −90, 90 | 2.045 5 | 1.000 0 |
| | 0.2 | −90.0 | 2.999 9 | 0.999 0 | −90.0 | 2.046 2 | 1.000 3 |
| | 0.5 | −90.0 | 3.022 4 | 1.006 5 | −65.0 | 2.059 9 | 1.007 0 |
| | 0.7 | −90.0 | 3.383 0 | 1.126 6 | −90.0 | 2.156 9 | 1.054 5 |
| | 0.8 | −90.0 | 4.039 3 | 1.345 1 | −90.0 | 2.230 3 | 1.090 3 |
| | 0.9 | −90.0 | 5.818 2 | 1.937 5 | −90.0 | 2.777 3 | 1.357 8 |

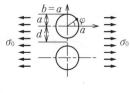

(b) $a/b=2$ の場合

| $a/b=2$ | | 2次元 | | | 3次元 | | |
|---|---|---|---|---|---|---|---|
| $E_I/E_M$ | $b/d$ | $\varphi$ [°] | $\sigma_{max}$ | $\sigma_{max}/\sigma_1$ | $\varphi$ [°] | $\sigma_{max}$ | $\sigma_{max}/\sigma_1$ |
| 0 | 0. | −90, 90 | 2.000 0 | 1.000 0 | −90, 90 | 1.659 6 | 1.000 0 |
| | 0.2 | 90.0 | 1.999 8 | 0.999 7 | −89.0 | 1.659 4 | 0.999 9 |
| | 0.5 | −90.0 | 2.061 4 | 1.030 4 | −58.0 | 1.674 8 | 1.009 2 |
| | 0.7 | −90.0 | 2.591 9 | 1.295 6 | −90.0 | 1.885 8 | 1.136 3 |
| | 0.8 | −90.0 | 3.170 8 | 1.585 0 | −90.0 | 2.171 4 | 1.308 4 |
| | 0.9 | −90.0 | 4.468 0 | 2.233 4 | −90.0 | 2.778 0 | 1.673 9 |

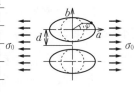

(c) $a/b=1/2$ の場合

| $a/b=1/2$ | | 2次元 | | | 3次元 | | |
|---|---|---|---|---|---|---|---|
| $E_I/E_M$ | $b/d$ | $\varphi$ [°] | $\sigma_{max}$ | $\sigma_{max}/\sigma_1$ | $\varphi$ [°] | $\sigma_{max}$ | $\sigma_{max}/\sigma_1$ |
| 0 | 0. | −90, 90 | 5.000 0 | 1.000 0 | −90, 90 | 2.480 3 | 1.000 0 |
| | 0.2 | −90.0 | 5.033 1 | 1.003 1 | −90 | 2.480 6 | 1.000 1 |
| | 0.5 | −90.0 | 5.148 6 | 1.026 1 | −83.0 | 2.484 5 | 1.001 7 |
| | 0.7 | −90.0 | 5.472 9 | 1.090 7 | −29.0 | 2.497 9 | 1.007 1 |
| | 0.8 | −90.0 | 6.018 7 | 1.199 5 | −47.0 | 2.524 0 | 1.017 6 |
| | 0.9 | −90.0 | 7.934 1 | 1.581 3 | −72.0 | 2.636 3 | 1.062 9 |

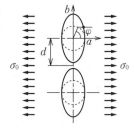

の低下は大きくなる。だ円孔（$a/b=1/2$）の場合でも**円孔**と同様な傾向を示すが，これは前述のように公称応力のとり方の違いが主因であり，注意を要する。

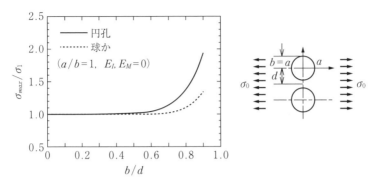

**図 2.25** 列直角方向引張りにおける 2 個の円孔の干渉効果 ($a/b=1$)

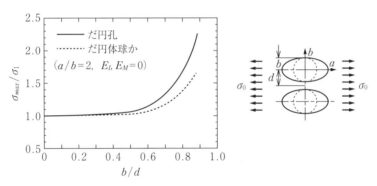

**図 2.26** 列直角方向引張りにおける 2 個のだ円孔の干渉効果 ($a/b=2$)

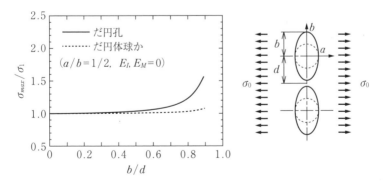

**図 2.27** 列直角方向引張りにおける 2 個のだ円孔の干渉効果 ($a/b=1/2$)

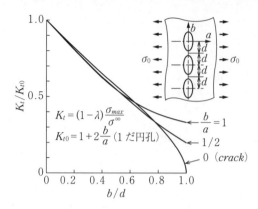

図2.28 体積力法による列直角方向引張りの場合の無限個だ円孔の応力集中係数比[6)]

## 2.2.3 だ円形や剛体だ円体状介在物が列方向引張りを受ける場合

これまでは,穴の欠陥が複数個存在するとき,その**干渉効果**によって,単独の応力集中に比べてどのように集中効果が異なるかについて説明した。実際の製品設計においては,穴以外にも多数個の強化繊維などの異材物(介在物)の応力集中を理解することが必要になる。無限板または無限体中に介在物が1個存在する場合と異なり,複数の介在物が存在する場合には干渉効果の問題を考察する必要があることは穴の場合と同様である。解析精度に優れた**体積力法**を用いて無限板中の2個の**だ円形介在物**,および無限体中の2個の**回転だ円体状介在物**の干渉問題を解析した結果について解説する。その際,弾性体中の1個の介在物の応力集中と比較しながら,**干渉効果**を説明する。

まずはじめに,円形の剛体介在物の干渉を考える。穴や球かの干渉とは異なり,**図2.29(a)**のような剛体介在物の列方向の引張りの場合は最大応力は1個の場合よりも大きくなるが,図(c)のような列直角方向の引張りの場合では最大応力は小さくなる。この図で,最大応力が発生する点を黒丸(•)で示しており,その値は,(2個の剛体が引張方向に直列)>(1個の剛体)>(2個の剛体が並列)となる。これは介在物が穴の場合とは異なるので注意を要する。

## 2.2 2個の介在物による応力集中の干渉

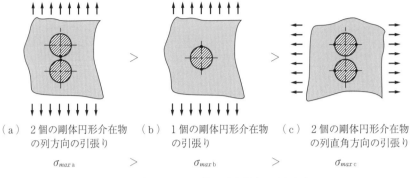

(a) 2個の剛体円形介在物の列方向の引張り

(b) 1個の剛体円形介在物の引張り

(c) 2個の剛体円形介在物の列直角方向の引張り

$\sigma_{max\,a}$ > $\sigma_{max\,b}$ > $\sigma_{max\,c}$

図 2.29 無限板中の剛体円形介在物の最大応力

### (1) 介在物基地との境界上の応力分布（列方向引張り）

ここではまず，図 2.30 のように，同じ大きさの剛体介在物が存在し，その列をなす方向に引張りを受ける場合を考える。

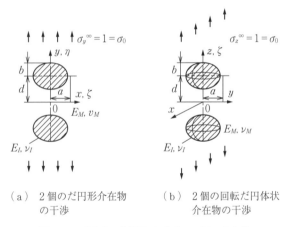

(a) 2個のだ円形介在物の干渉

(b) 2個の回転だ円体状介在物の干渉

図 2.30 列方向の引張りを受ける 2 個の介在物

1 個の**剛体円形介在物**（$a/b=1$）が存在する場合の応力分布を**図 2.31** に示す。そして，**図 2.32** に，$a/d=0.5$ 離れた 2 個の**剛体円形介在物**（$a/b=1$）における応力分布を示す。また，3 次元問題として無限体中の 1 個の**剛体球状介在物**の応力分布を**図 2.33** に示し，$a/d=0.5$ 離れた 2 個の剛体球状介在物における応力分布を**図 2.34** に示す。図中の実線は，母材境界上の応力分布で，

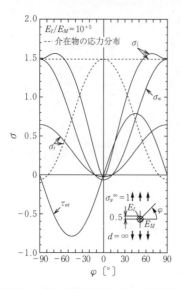

**図 2.31** 1個の剛体円形介在物の境界上の応力分布（2次元）[4]
($a/d=0$, $E_I/E_M=10^{+5}$, $\nu_M=\nu_I=0.3$)

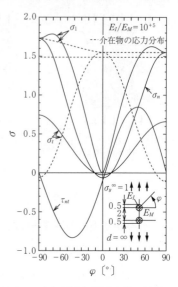

**図 2.32** 2個の剛体円形介在物の干渉における境界上の応力分布（2次元）[4]
($a/d=0.5$, $E_I/E_M=10^{+5}$, $\nu_M=\nu_I=0.3$)

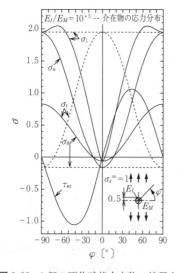

**図 2.33** 1個の剛体球状介在物の境界上の応力分布（3次元）[4]
($a/d=0$, $E_I/E_M=10^{+5}$, $\nu_M=\nu_I=0.3$)

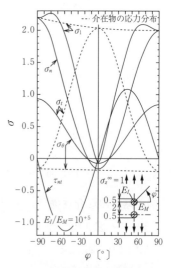

**図 2.34** 2個の剛体球状介在物の干渉における境界上の応力分布（3次元）[4]
($a/d=0.5$, $E_I/E_M=10^{+5}$, $\nu_M=\nu_I=0.3$)

破線は介在物境界上の分布である.剛体介在物が2個存在する問題(図2.32, 2.34)では,最大応力は,**円孔**や**球か**の場合と異なり,介在物が最も接近する $\varphi = -90°$ の近傍で発生する.介在物が1個存在する問題でも同様に $\varphi = \pm 90°$ の近傍で発生する.一般に,列方向引張りで介在物の剛性が大きい場合,2個の介在物が近づく($a/d$ が大きくなる)と,**干渉効果**による最大応力は増加する.剛性比 $E_I/E_M$ が大きく剛体とみなしうる介在物の相対距離を,図2.32, 2.34の場合($a/d=0.5$)よりも近づけ,$a/d=0.9$ としたときの応力分布を**図2.35**,**2.36**に示す.これらによると**干渉効果**による応力分布の変化率が $\varphi = -90°$ 近傍で急激に大きくなっている.最大応力は相対距離 $a/d=0.5$ に比べて,$a/d=0.9$ では,円形介在物(2次元)で $\sigma_{max}$ は2倍ほどに,球状介在物(3次元)で3倍ほどに増大し,介在物間隔の影響は非常に大きい.

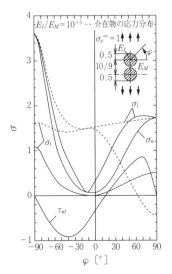
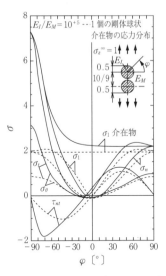

図2.35 2個の剛体円形介在物の干渉における境界上の応力分布(2次元)[4] ($a/d=0.9$, $E_I/E_M=10^{+5}$, $\nu_M=\nu_I=0.3$)

図2.36 2個の剛体球状介在物の干渉における境界上の応力分布(3次元)[4] ($a/d=0.9$, $E_I/E_M=10^{+5}$, $\nu_M=\nu_I=0.3$)

# 70　2. 母材中に存在する介在物により生じる応力集中（無限板，無限体）

## （2）　2個の剛体介在物における干渉効果（列方向引張り）

剛体介在物の形状比が $a/b=1, 2, 1/2$ の場合，介在物間の距離 $b/d$ を変化させて最大応力とその発生位置をまとめて**表2.5**に示す。表中で $\sigma_1$ は介在物

**表2.5**　列方向引張りの問題における最大応力とその発生位置[5]

（a）　$a/b=1$ の場合

| $a/b=1$ | | 2次元 | | | 3次元 | | |
|---|---|---|---|---|---|---|---|
| $E_I/E_M$ | $b/d$ | $\varphi$ [°] | $\sigma_{max}$ | $\sigma_{max}/\sigma_1$ | $\varphi$ [°] | $\sigma_{max}$ | $\sigma_{max}/\sigma_1$ |
| $10^{+5}$ | 0.0 | ±90.0 | 1.4778 | 1.0000 | ±90.0 | 1.9838 | 1.0000 |
| | 0.2 | −90.0 | 1.5031 | 1.0172 | −90.0 | 1.9474 | 0.9817 |
| | 0.5 | −90.0 | 1.7264 | 1.1682 | −90.0 | 2.1740 | 1.0959 |
| | 0.7 | −90.0 | 2.1932 | 1.4841 | −90.0 | 2.9689 | 1.4966 |
| | 0.8 | −90.0 | 2.6901 | 1.8203 | −90.0 | 4.0929 | 2.0632 |
| | 0.9 | −90.0 | 3.7657 | 2.5482 | −90.0 | 7.2760 | 3.6678 |

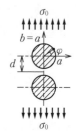

（b）　$a/b=2$ の場合

| $a/b=2$ | | 2次元 | | | 3次元 | | |
|---|---|---|---|---|---|---|---|
| $E_I/E_M$ | $b/d$ | $\varphi$ [°] | $\sigma_{max}$ | $\sigma_{max}/\sigma_1$ | $\varphi$ [°] | $\sigma_{max}$ | $\sigma_{max}/\sigma_1$ |
| $10^{+5}$ | 0.0 | ±90.0 | 1.2056 | 1.0000 | ±90.0 | 1.3784 | 1.0000 |
| | 0.2 | −90.0 | 1.2463 | 1.0338 | −90.0 | 1.4180 | 1.0287 |
| | 0.5 | −90.0 | 1.5439 | 1.2806 | −90.0 | 2.0891 | 1.5156 |
| | 0.7 | −90.0 | 1.9622 | 1.6276 | −90.0 | 3.8767 | 2.8125 |
| | 0.8 | −90.0 | 2.3163 | 1.9213 | −90.0 | 6.1969 | 4.4957 |
| | 0.9 | −90.0 | 3.0274 | 2.5111 | −90.0 | 13.040 | 9.4602 |

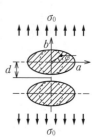

（c）　$a/b=1/2$ の場合

| $a/b=1/2$ | | 2次元 | | | 3次元 | | |
|---|---|---|---|---|---|---|---|
| $E_I/E_M$ | $b/d$ | $\varphi$ [°] | $\sigma_{max}$ | $\sigma_{max}/\sigma_1$ | $\varphi$ [°] | $\sigma_{max}$ | $\sigma_{max}/\sigma_1$ |
| $10^{+5}$ | 0.0 | ±90.0 | 2.0222 | 1.0000 | ±90.0 | 3.2798 | 1.0000 |
| | 0.2 | −90.0 | 2.0351 | 1.0064 | −90.0 | 3.2958 | 1.0049 |
| | 0.5 | −90.0 | 2.2306 | 1.1031 | −90.0 | 3.5262 | 1.0751 |
| | 0.7 | −90.0 | 2.6658 | 1.3183 | −90.0 | 4.3390 | 1.3229 |
| | 0.8 | −90.0 | 3.2076 | 1.5862 | −90.0 | 5.6877 | 1.7342 |
| | 0.9 | −90.0 | 4.6185 | 2.2839 | −90.0 | 10.637 | 3.2431 |

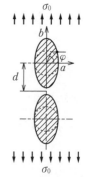

が単独に存在する場合の最大応力 $\sigma_{max}$ は干渉における最大応力である。これらの $\sigma_1$ と $\sigma_{max}$ は,$E_I/E_M=10^{-5}$(**円孔,球か**)の場合には,接線方向応力 $\sigma_t$ の最大値であり,$E_I/E_M=10^5$(**剛体介在物**)の場合には法線方向応力 $\sigma_n$ の最大値である。表2.5の**干渉効果** $\sigma_{max}/\sigma_1$ を2次元(実線)と3次元(破線)で比較して**図2.37〜2.39**に示す。2個並んだ**だ円孔**や**球か**($E_I/E_M<1$)が列方向引張りを受ける場合,それらが近づく($b/d$ が大きくなる)につれて**干渉効果**は安全側に現れる。

一方,介在物が剛体($E_I/E_M\gg1$)の場合には,それらが近づく($b/d$ が大きくなる)につれて,**干渉効果は危険側に大きく現れる**。また,**干渉効果**は介

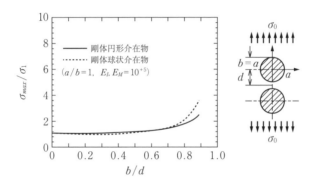

**図2.37** 列方向引張りにおける2個の介在物の干渉効果 ($a/b=1$)[5]

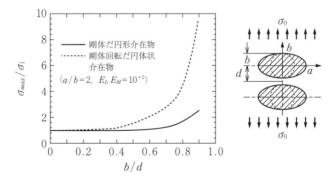

**図2.38** 列方向引張りにおける2個の介在物の干渉効果 ($a/b=2$)[5]

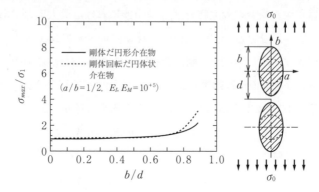

**図 2.39** 列方向引張りにおける 2 個の介在物の干渉効果 $(a/b=1/2)$[5]

在物間の距離によらず,ほとんどの範囲で 3 次元問題のほうが大きく,また,形状比 $a/b$ によっても影響を受け,$a/b$ が大きくなるとその差は広がる。$b/d$ が大きくなって介在物が近づくほど,その差は大きくなる。

### 2.2.4 だ円形や剛体だ円体状介在物が列直角方向引張りを受ける場合

前項において,2 個の**だ円形介在物**,および 2 個の**回転だ円体状介在物**の干渉問題を列方向引張りを受ける場合について解説した。ここでは,列直角方向に引張りを受ける剛体介在物の**干渉効果**について説明する。

対象とするモデルは,無限板または無限体中に,**図 2.40** のように同じ大き

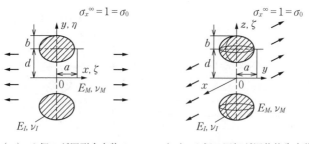

**図 2.40** 列直角方向の引張りを受ける 2 個の介在物

さの剛体介在物が一軸方向に存在し，その列直角方向に引張りを受ける場合である。図（a）は円形介在物の2次元座標を示す。図（b）では，介在物の形状は$z$軸に関して対称（軸対称）であるが，$x$軸方向の引張りを考えるので応力分布は軸対称ではない。以下では，介在物界面上の応力分布や最大応力の生じる位置は**パラメトリックアングル**（図2.40（a））の境界は$x = b\cos\varphi, y = a\sin\varphi \pm d$）を用いて表されるが，図（b）の問題では最大応力の生じる$xz$断面または$yz$断面に注目している。

## （1） 剛体介在物境界上の応力分布

無限板中に存在する2個の**剛体円形介在物**（$a/b=1$, $E_I/E_M=10^5$）の干渉問題において，両者が近接した$a/d=0.9$の場合の応力分布を**図2.41**に示す。そして，**図2.42**には，同じ条件下の3次元の干渉問題における応力分布を示す。図中の破線はそれぞれ，無限板（体）中に1個の**剛体円形介在物**の場合の応力分布である。剛体介在物の干渉効果は$\varphi = -90°$近傍で安全側に現れている。引張りの垂直面に相当する$\varphi = 0°$近傍の面は破壊に関して重要であるが，その面に生じる最大応力は干渉による影響をほとんど受けない。

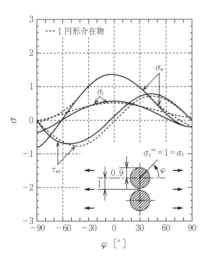

$(a/b=1, a/d=0.9, E_I/E_M=10^5)$

**図2.41** 境界上の応力分布（2次元）[5]

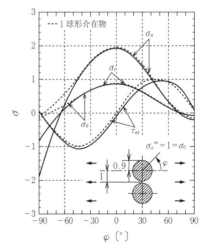

$(a/b=1, a/d=0.9, E_I/E_M=10^5)$

**図2.42** 境界上の応力分布（3次元）[5]

## (2) 2個の剛体介在物における干渉効果

列直角方向の引張りにおいて，剛体介在物の形状 $a/b=1, 2, 1/2$ の各場合において，介在物列の距離 $b/d$ を変化させて最大応力とその発生位置をまとめて表2.6に示す．

**表2.6** 2個並んだ剛体介在物の列直角方向引張りの問題における最大応力とその発生位置 ($\sigma_1$ は介在物が1個のとき)

(a) $a/b=1$ の場合

| $a/b=1$ | | 2次元 | | 3次元 | | |
|---|---|---|---|---|---|---|
| $E_I/E_M$ | $b/d$ | [°] | $\sigma_{max}$ | $\sigma_{max}/\sigma_1$ | [°] | $\sigma_{max}$ | $\sigma_{max}/\sigma_1$ |
| $10^5$ | 0.0 | 0.0 | 2.0281 | 1.0000 | 0.0 | 2.5574 | 1.0000 |
| | 0.2 | 0.0 | 2.0198 | 0.9982 | 0.0 | 2.5586 | 0.9999 |
| | 0.5 | 0.0 | 1.9416 | 0.9831 | 0.0 | 2.5138 | 0.9965 |
| | 0.7 | 0.0 | 1.8714 | 0.9616 | 0.0 | 2.4662 | 0.9882 |
| | 0.8 | 0.0 | 1.8432 | 0.9492 | 0.0 | 2.4348 | 0.9819 |
| | 0.9 | 0.0 | 1.8178 | 0.9492 | 0.0 | 2.4118 | 0.9744 |

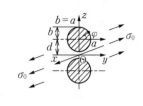

(b) $a/b=2$ の場合

| $a/b=2$ | | 2次元 | | 3次元 | | |
|---|---|---|---|---|---|---|
| $E_I/E_M$ | $b/d$ | [°] | $\sigma_{max}$ | $\sigma_{max}/\sigma_1$ | [°] | $\sigma_{max}$ | $\sigma_{max}/\sigma_1$ |
| $10^5$ | 0.0 | 0.0 | 2.0281 | 1.0000 | 0.0 | 2.5574 | 1.0000 |
| | 0.2 | 0.0 | 2.0198 | 0.9959 | 0.0 | 2.5586 | 1.0050 |
| | 0.5 | 0.0 | 1.9416 | 0.9573 | 0.0 | 2.5138 | 0.9829 |
| | 0.7 | 0.0 | 1.8714 | 0.9227 | 0.0 | 2.4662 | 0.9643 |
| | 0.8 | 0.0 | 1.8412 | 0.9079 | 0.0 | 2.4348 | 0.9521 |
| | 0.9 | 0.0 | 1.8178 | 0.8963 | 0.0 | 2.4118 | 0.9431 |

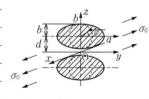

(c) $a/b=1/2$ の場合

| $a/b=1/2$ | | 2次元 | | 3次元 | | |
|---|---|---|---|---|---|---|
| $E_I/E_M$ | $b/d$ | [°] | $\sigma_{max}$ | $\sigma_{max}/\sigma_1$ | [°] | $\sigma_{max}$ | $\sigma_{max}/\sigma_1$ |
| $10^5$ | 0.0 | 0.0 | 1.2058 | 1.0000 | 0.0 | 1.6523 | 1.0000 |
| | 0.2 | 0.0 | 1.2048 | 0.9992 | 0.0 | 1.6523 | 1.0000 |
| | 0.5 | 0.0 | 1.1981 | 0.9936 | 0.0 | 1.6519 | 0.9997 |
| | 0.7 | 0.0 | 1.1873 | 0.9847 | 0.0 | 1.6502 | 0.9987 |
| | 0.8 | 0.0 | 1.1791 | 0.9779 | 0.0 | 1.6484 | 0.9977 |
| | 0.9 | 0.0 | 1.1687 | 0.9692 | 0.0 | 1.6459 | 0.9961 |

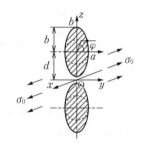

$\sigma_1$ は介在物が単独に存在する場合の最大応力,$\sigma_{max}$ は干渉における最大応力である.表 2.6 の**干渉効果** $\sigma_{max}/\sigma_1$ を 2 次元(実線)と 3 次元(破線)で比較して**図 2.43〜2.45** に示す.2.2.2 項において図 2.25〜2.27 で示したよう

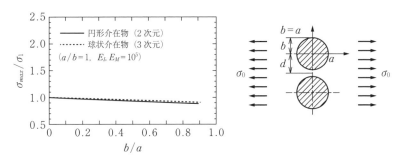

**図 2.43** 列直角方向引張りにおける 2 個の剛体円形介在物の干渉効果($a/b=1$)

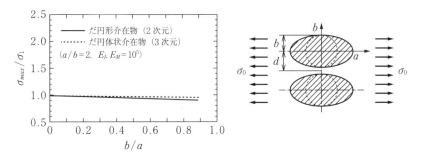

**図 2.44** 列直角方向引張りにおける 2 個の剛体だ円形介在物の干渉効果($a/b=2$)

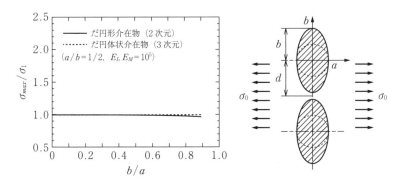

**図 2.45** 列直角方向引張りにおける 2 個の剛体だ円形介在物の干渉効果($a/b=1/2$)

76    2. 母材中に存在する介在物により生じる応力集中（無限板，無限体）

に，穴の場合，$b/d$が大きくなるにつれて，**干渉効果**は危険側に大きく現れる。また，**干渉効果**はすべての範囲で2次元問題のほうが大きく，危険側に現れる。しかし，剛体介在物では介在物が近づく（$b/d$が大きくなる）と，$\sigma_{max}/\sigma_1$が1.0以下となり，**干渉効果**は安全側に現れる。また，干渉効果による応力低減は，介在物間の距離に関係なく，2次元問題のほうが大きく現れる。このように，2.2.2項で述べた干渉により危険側に現れる穴の場合と異なる点に注意を要する。

### 2.2.5  2個の介在物による干渉の総括

介在物の応力集中は，その剛性比と形状に依存して変化する。さらに，介在物が2個並んだ場合を考えると，それぞれがお互いに影響し合う**干渉効果**を考慮しなければならない。この場合に，引張方向が介在物の列方向か，列直角方向かによって介在物境界に生じる応力分布がまったく異なってくる。本節では，それぞれの項において，条件を変えて具体的に示してきたが，介在物の応力集中と干渉の問題の総括的な理解のために，**表2.7**のように取りまとめた。表には，**だ円形介在物**（2次元問題）と**回転だ円体状介在物**（3次元問題）の**干渉効果**を付加応力の方向に分けて比較してある。

表2.7  介在物の干渉効果のまとめ

| 比較項目 | 比較条件 | 2次元と3次元の大小関係<br>（干渉効果の状況） |
|---|---|---|
| 干渉効果<br>（列方向引張り） | 剛性比 ($E_I/E_M<1$) | 2次元＞3次元（図2.18～2.20参照，安全側） |
| | 剛性比 ($E_I/E_M>1$) | 2次元＜3次元（図2.37～2.39参照，危険側） |
| 干渉効果<br>（列直角方向引張り） | 剛性比 ($E_I/E_M<1$) | 2次元＞3次元（図2.25～2.75参照，危険側） |
| | 剛性比 ($E_I/E_M>1$) | 2次元＞3次元（図2.43～2.45参照，安全側） |

## 2.3 一列に並んだ任意個の介在物による応力集中の干渉

　介在物2個の条件は，最も基本的な干渉の問題であるので，複数個の介在物の問題を考える基礎となると考えて，前節で，2個の介在物の**干渉効果**を述べてきた．本節では，任意個の介在物の**干渉効果**について説明する．繊維強化材などでは多数本の強化繊維が母材の中に埋設されているのが一般的であることから複数個の介在物の問題は，設計問題としてはより実用的なものとなる．

　介在物が複数個存在する場合は，その**干渉効果**により最大応力の発生位置と大きさは介在物の位置と大きさ・形状および母材と介在物の弾性比等により変化することは前節の2個の介在物の場合でも述べてきた．ここではまず，無限板中の任意個の一列だ円形介在物における干渉問題の解析事例について紹介し，ついで回転だ円体状介在物や菱形介在物についても述べる．

　そのため，正確な解析には母材と介在物の境界上の連続した応力分布を求める必要がある．介在物の問題の解析には**体積力法**が有用であり，その特異積分方程式を厳密に解析する方法が提案されている[7]~[10]．また，多くの介在物の干渉問題に適用されてその**干渉効果**が議論されている[11], [12]．

### 2.3.1　だ円形介在物が列方向または列直角方向引張りを受ける場合

**（1）　体積力法を用いた解析法**

　石田らは任意個の一列だ円孔を持つ無限板の解析を行っており[13]，図2.46にその解析事例を示す．図2.46は，遠方で一様な$x$方向，$y$方向の引張応力それぞれ$\sigma_x^\infty$, $\sigma_y^\infty$が作用している無限板中の大きさの等しい$N$個の一列だ円形介在物の問題である．この問題は**重ね合わせの原理**に基づく体積力法の考え方により，問題の対称性から，無限板中の2点〔[$\xi = \pm(d+a\cos\varphi_k)$, $\eta = b\sin\varphi_k$] に集中力が働くときの任意の点（$x = d+a\cos\theta_i$, $y = b\sin\theta_i$）におけ

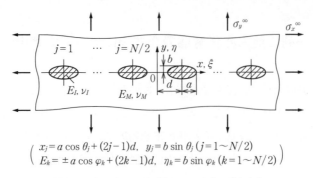

$$\begin{pmatrix} x_j = a\cos\theta_j + (2j-1)d, & y_j = b\sin\theta_j\ (j=1\sim N/2) \\ \xi_k = \pm a\cos\varphi_k + (2k-1)d, & \eta_k = b\sin\varphi_k\ (k=1\sim N/2) \end{pmatrix}$$

**図 2.46** 無限板中の任意個の一列だ円形介在物

る応力場の解と,変位の解を用いて解くものである[14),15)]。このとき問題は,母材 ($E_M, \nu_M$) および介在物 ($E_I, \nu_I$) と同じ弾性定数を持つ無限板(無限板 $M$ と無限板 $I$)中の仮想境界上に分布させた $x, y$ 方向の境界に沿った長さあたりの体積力密度を未知数とする特異積分方程式で表現される。詳細については,文献 14),15) を参照されたい。

**(2) 3個の介在物における最大応力の特徴**

**干渉効果**を理解するため,**図 2.47** により,介在物が3個の場合を例にとって,最大応力の位置と大きさを説明する。図(a)のように列方向応力 $\sigma_x^\infty$ が作用した3個の介在物($E_I/E_M<1$)が一列に並んだ場合には,外側の介在物で最大応力が生じる。その角度は $\theta=\pm 90°$ より少しずれ,応力値は1個の場合より少し小さくなる。また,図(b)に示すように,同様の条件で介在物の剛性が大きい($E_I/E_M>1$)場合には,内側の介在物に最大が現れ,1個の場合より大きくなる。つぎに,図(c)に示すように,$\sigma_y^\infty$ が列直角に作用する3個の低剛性介在物($E_I/E_M<1$)が一列に並んだ場合には,内側の介在物で最大応力が生じる。その値は,1個の場合より大きくなり,$\sigma_x^\infty$ が作用する場合と異なる。このように,外力が加わる方向と,介在物の剛性によって**干渉効果**による最大応力が大きくなったり,その発生位置が異なってくることは注意を要する。

## 2.3 一列に並んだ任意個の介在物による応力集中の干渉

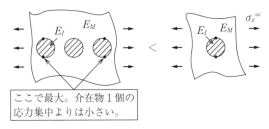

（a） $\sigma_x^\infty$ が作用し，$E_I/E_M < 1$ の場合

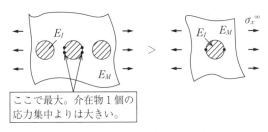

（b） $\sigma_x^\infty$ が作用し，$E_I/E_M > 1$ の場合

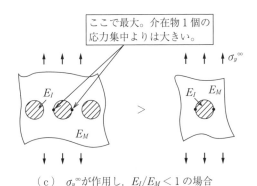

（c） $\sigma_y^\infty$ が作用し，$E_I/E_M < 1$ の場合

図 2.47　介在物3個の場合の最大応力と発生位置

### （3）　1～8個のだ円形介在物列に列方向引張力が作用する場合

図 2.48，2.49 は介在物個数 $N=1\sim8$ が $\sigma_x^\infty=1$ の引張りを受ける場合，介在物の剛性 $E_I/E_M=0.5$，2.0 それぞれにおいて母材に生じる最大応力（主応力）を示した図である．ここで，図の縦軸は介在物境界での最大主応力 $\sigma_{jmax}$ を無限板中の単独だ円形介在物の応力 $\sigma_1$ で無次元化した $S_{jmax}=\sigma_{jmax}/\sigma_1$ をとっている．$N$ の増加に伴う**干渉効果**として，$S_{jmax}$ の最大値に注目して以下の考

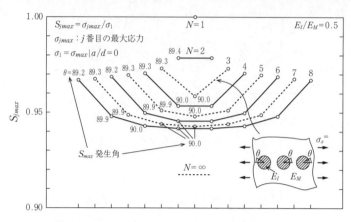

（図の実線と破線は，各介在物の最大応力を直線で結んだもの）
$(a/b=1, a/d=0.4, \sigma_x^\infty=1, \sigma_y^\infty=0, E_I/E_M=0.5)$

**図 2.48** 一列円形介在物を有する無限板母材の $S_{jmax}$ の $N, j$ による変動（1）

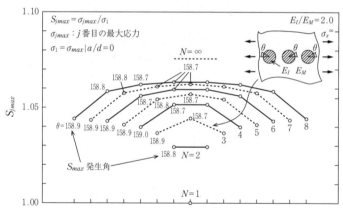

（図の実線と破線は，各介在物の最大応力を直線で結んだもの）
$(a/b=1, a/d=0.4, \sigma_x^\infty=1, \sigma_y^\infty=0, E_I/E_M=2.0)$

**図 2.49** 一列円形介在物を有する無限板母材の $S_{jmax}$ の $N, j$ による変動（2）

察をする。例えば図 2.48 において，**干渉効果**の大きさ（1.0 からの差）は列中央部において大きく現れているが，$S_{jmax}$ は列端部で最大値をとるので端部での最大応力の $N$ による変化に注目する。図 2.48, 2.49 より，$E_I/E_M<1$ ならば最外部の介在物との境界上に，$E_I/E_M>1$ ならば最も中央よりの介在物と

の境界上に，それぞれ最大応力が生じる．また，剛性の低い介在物数 $N$ の増加とともに，列中央の応力減少は大きく，剛性の大きい介在物列では最大応力が大きくなる．また，図 2.48 において，低剛体介在物数 $N$ の増加とともに最大応力 $S_{jmax}$ は低下するが，$N=1$ から $N=3$ への低下は，$N=3$ から $\infty$ に至る低下と同程度である．

(4) 1～8 個のだ円形介在物列に列直角方向引張力が作用する場合

図 2.50 は，低剛性介在物の個数 $N=1$～8 に対して $\sigma_y^\infty=1$ のときの母材に生じる最大応力を示した図である．列方向引張り ($\sigma_x=1$, 図 2.48) に対比して，列直角方向引張り ($\sigma_y=1$, 図 2.50) では**無次元化最大応力** $\sigma_{jmax}$ は，最も中央寄りの介在物境界上に，また，図示していないが $E_I/E_M>1$ ならば最も外側の介在物との境界上に生じる．すなわち，$x$ 方向の引張りと $y$ 方向の引張りでは最大応力の生じる位置は逆の傾向となる．

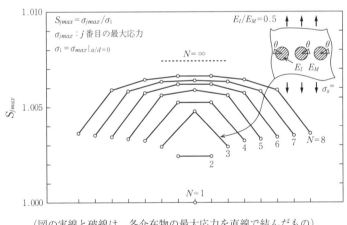

(図の実線と破線は，各介在物の最大応力を直線で結んだもの)
($a/b=1$, $a/d=0.4$, $\sigma_x^\infty=0$, $\sigma_y^\infty=1$, $E_I/E_M=0.5$)

図 2.50　一列円形介在物を有する無限板母材の $S_{jmax}$ の $N,j$ による変動 (3)

(5) 一列に並んだ無限個介在物における干渉効果

図 2.51 は，列方向引張り $\sigma_x=1$，$E_I/E_M=0.5$ のとき，介在物間隔 $a/d$ を変えて，最大応力 $\sigma_{max}$ ($\sigma_{jmax}$ の最大値) と介在物個数 $N$ との関係を示す．また，

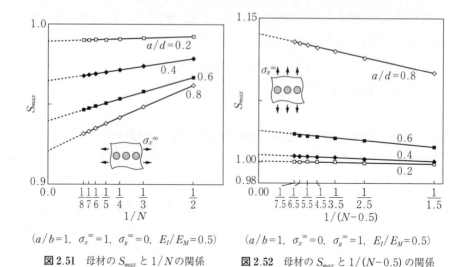

図 2.51　母材の $S_{max}$ と $1/N$ の関係　　図 2.52　母材の $S_{max}$ と $1/(N-0.5)$ の関係

図 2.52 は，列直角方向引張り $\sigma_y=1$ の場合を示す．剛性の低い介在物列が列方向引張りを受ける場合の最大応力は $N$ の増加とともに減少する．一方，同様の介在物が列直角方向引張りを受けると最大応力はわずかに増加する．同様な問題は，石田らによっても解析されている[13]．これまで述べてきた図 2.48 ～ 2.52 に関連して，より解析条件を広げてまとめたものを **表 2.8 ～ 2.11** に示す．表 2.8，2.9 では，介在物間の距離 $a/d$ のほかに，介在物剛性 $E_I/E_M$ を加えて，列方向または列直角方向引張りそれぞれにおける最大応力を示す．なお，$E_I/E_M=0$ の円孔列の場合は，石田らの結果[13] は表に示した範囲で完全に一致している．表 2.10，2.11 では，引張方向が異なる条件下で介在物形状が円形とだ円形それぞれの場合の最大応力を比較することができる．ただし，だ円の形状比は，$a/b=1$，$a/b=\sqrt{a/\rho}=\sqrt{5}$ ($\rho$ は介在物長軸端の曲げ半径) の 2 通りとする．

$E_I/E_M=0$ のだ円孔列の場合も石田らの結果[13] と本書の結果とは表に示した範囲で完全に一致することが確かめられている．

## 2.3 一列に並んだ任意個の介在物による応力集中の干渉

**表 2.8** 一列円形介在物における無次元化最大応力と発生位置

$$(S_{max}=\sigma_{max}/\sigma_1,\ \sigma_1=\sigma_{max}|_{a/d=0},\ a/b=1,\ \sigma_x^\infty=1,\ \sigma_y^\infty=0)$$

| $E_I/E_M$ | $a/d$ | $N$ | 0.0 φ[°] / $\sigma_1$ | 0.0 φ[°] / $S_{max}$ | 0.2 φ[°] / $S_{max}$ | 0.4 φ[°] / $S_{max}$ | 0.6 φ[°] / $S_{max}$ | 0.8 φ[°] / $S_{max}$ |
|---|---|---|---|---|---|---|---|---|
| 0 | | 2 | 90.0  3.000 | 90.0  1.000 | 89.7  0.976 | 88.0  0.926 | 85.9  0.890 | 84.2  0.874 |
| | | 3 | 90.0  3.000 | 90.0  1.000 | 89.6  0.970 | 87.7  0.911 | 85.6  0.869 | 84.2  0.849 |
| | | 4 | 90.0  3.000 | 90.0  1.000 | 89.6  0.967 | 87.7  0.904 | 85.4  0.859 | 84.1  0.837 |
| | | 5 | 90.0  3.000 | 90.0  1.000 | 89.6  0.966 | 87.7  0.900 | 85.4  0.853 | 84.0  0.830 |
| | | 6 | 90.0  3.000 | 90.0  1.000 | 89.6  0.965 | 87.7  0.897 | 85.4  0.850 | 84.0  0.826 |
| | | 7 | 90.0  3.000 | 90.0  1.000 | 89.6  0.964 | 87.7  0.896 | 85.4  0.847 | 83.9  0.822 |
| | | 8 | 90.0  3.000 | 90.0  1.000 | 89.6  0.964 | 87.7  0.895 | 85.4  0.845 | 83.9  0.820 |
| | | ∞ | 3.000 | 1.000 | 0.961 | 0.885 | 0.831 | 0.806 |
| 0.5 | | 2 | 90.0  1.506 | 90.0  1.000 | 89.9  0.994 | 89.4  0.980 | 88.6  0.968 | 88.2  0.964 |
| | | 3 | 90.0  1.506 | 90.0  1.000 | 89.9  0.992 | 89.3  0.975 | 88.4  0.958 | 87.7  0.948 |
| | | 4 | 90.0  1.506 | 90.0  1.000 | 89.9  0.992 | 89.3  0.972 | 88.3  0.953 | 87.6  0.941 |
| | | 5 | 90.0  1.506 | 90.0  1.000 | 89.9  0.991 | 89.3  0.971 | 88.3  0.951 | 87.5  0.937 |
| | | 6 | 90.0  1.506 | 90.0  1.000 | 89.9  0.991 | 89.3  0.970 | 88.3  0.949 | 87.5  0.934 |
| | | 7 | 90.0  1.506 | 90.0  1.000 | 89.9  0.991 | 89.3  0.969 | 88.3  0.948 | 87.5  0.932 |
| | | 8 | 90.0  1.506 | 90.0  1.000 | 89.9  0.991 | 89.3  0.969 | 88.3  0.947 | 87.5  0.931 |
| | | ∞ | 1.506 | 1.000 | 0.990 | 0.966 | 0.940 | 0.921 |
| 2.0 | | 2 | 22.4, 157.6  1.215 | 22.4, 157.6  1.000 | 157.7  1.006 | 158.8  1.030 | 163.6  1.081 | 180.0  1.183 |
| | | 3 | 22.4, 157.6  1.215 | 22.4, 157.6  1.000 | 157.7  1.011 | 158.7  1.045 | 163.6  1.110 | 180.0  1.232 |
| | | 4 | 22.4, 157.6  1.215 | 22.4, 157.6  1.000 | 157.7  1.012 | 158.7  1.052 | 163.8  1.130 | 180.0  1.276 |
| | | 5 | 22.4, 157.6  1.215 | 22.4, 157.6  1.000 | 157.7  1.013 | 158.7  1.057 | 163.7  1.141 | 180.0  1.298 |
| | | 6 | 22.4, 157.6  1.215 | 22.4, 157.6  1.000 | 157.7  1.014 | 158.7  1.060 | 163.8  1.149 | 180.0  1.318 |
| | | 7 | 22.4, 157.6  1.215 | 22.4, 157.6  1.000 | 157.7  1.015 | 158.7  1.062 | 163.8  1.155 | 180.0  1.330 |
| | | 8 | 22.4, 157.6  1.215 | 22.4, 157.6  1.000 | 157.7  1.015 | 158.7  1.064 | 163.8  1.160 | 180.0  1.341 |
| | | ∞ | 1.215 | 1.000 | 1.018 | 1.076 | 1.190 | 1.410 |
| ∞ | | 2 | 21.8, 158.2  1.549 | 21.8, 158.2  1.000 | 158.4  1.017 | 160.3  1.083 | 166.3  1.602 | 180.0  1.737 |
| | | 3 | 21.8, 158.2  1.549 | 21.8, 158.2  1.000 | 158.3  1.028 | 160.0  1.122 | 166.3  1.628 | 180.0  1.940 |
| | | 4 | 21.8, 158.2  1.549 | 21.8, 158.2  1.000 | 158.3  1.032 | 160.0  1.144 | 166.3  1.654 | 180.0  2.165 |
| | | 5 | 21.8, 158.2  1.549 | 21.8, 158.2  1.000 | 158.3  1.035 | 160.0  1.159 | 166.3  1.662 | 180.0  2.294 |
| | | 6 | 21.8, 158.2  1.549 | 21.8, 158.2  1.000 | 158.3  1.037 | 160.0  1.169 | 166.3  1.667 | 180.0  2.430 |
| | | 7 | 21.8, 158.2  1.549 | 21.8, 158.2  1.000 | 158.3  1.039 | 160.0  1.179 | 166.3  1.673 | 180.0  2.519 |
| | | 8 | 21.8, 158.2  1.549 | 21.8, 158.2  1.000 | 158.3  1.040 | 160.0  1.182 | 166.3  1.677 | 180.0  2.610 |
| | | ∞ | 1.549 | 1.000 | 1.047 | 1.221 | 1.700 | 3.200 |

表 2.9 円形介在物列における無次元化最大応力と発生位置
$(S_{max}=\sigma_{max}/\sigma_1,\ \sigma_1=\sigma_{max}|_{a/d=0},\ a/b=1,\ \sigma_x^\infty=1,\ \sigma_y^\infty=0)$

| $E_I/E_M$ | $a/d$ | $N$ | 0.0 $\varphi[°]/\sigma_i$ | 0.0 $\varphi[°]/S_{max}$ | 0.2 $\varphi[°]/S_{max}$ | 0.4 $\varphi[°]/S_{max}$ | 0.6 $\varphi[°]/S_{max}$ | 0.8 $\varphi[°]/S_{max}$ |
|---|---|---|---|---|---|---|---|---|
| 0 | | 2 | 0.180  3.000 | 0.180  1.000 | 0.0  1.001 | 0.0  1.011 | 180.0  1.039 | 180.0  1.345 |
| | | 3 | 0.180  3.000 | 0.180  1.000 | 0.0  1.001 | 0.0  1.011 | 180.0  1.084 | 180.0  1.478 |
| | | 4 | 0.180  3.000 | 0.180  1.000 | 0.0  1.001 | 0.0  1.015 | 180.0  1.104 | 180.0  1.569 |
| | | 5 | 0.180  3.000 | 0.180  1.000 | 0.0  1.001 | 0.0  1.019 | 180.0  1.119 | 180.0  1.627 |
| | | 6 | 0.180  3.000 | 0.180  1.000 | 0.0  1.001 | 0.0  1.021 | 180.0  1.129 | 180.0  1.671 |
| | | 7 | 0.180  3.000 | 0.180  1.000 | 0.0  1.001 | 0.0  1.022 | 180.0  1.137 | 180.0  1.703 |
| | | 8 | 0.180  3.000 | 0.180  1.000 | 0.0  1.001 | 0.0  1.023 | 180.0  1.142 | 180.0  1.726 |
| | | ∞ | 3.000 | 1.000 | 1.002 | 1.075 | 1.182 | 1.918 |
| 0.5 | | 2 | 0.180  1.506 | 0.180  1.000 | 0.0  1.000 | 0.0  1.003 | 180.0  1.017 | 180.0  1.095 |
| | | 3 | 0.180  1.506 | 0.180  1.000 | 0.0  1.001 | 0.0  1.005 | 180.0  1.024 | 180.0  1.110 |
| | | 4 | 0.180  1.506 | 0.180  1.000 | 0.0  1.001 | 0.0  1.005 | 180.0  1.026 | 180.0  1.117 |
| | | 5 | 0.180  1.506 | 0.180  1.000 | 0.0  1.001 | 0.0  1.006 | 180.0  1.027 | 180.0  1.121 |
| | | 6 | 0.180  1.506 | 0.180  1.000 | 0.0  1.001 | 0.0  1.006 | 180.0  1.028 | 180.0  1.123 |
| | | 7 | 0.180  1.506 | 0.180  1.000 | 0.0  1.001 | 0.0  1.007 | 180.0  1.029 | 180.0  1.125 |
| | | 8 | 0.180  1.506 | 0.180  1.000 | 0.0  1.001 | 0.0  1.007 | 180.0  1.030 | 180.0  1.126 |
| | | ∞ | 1.506 | 1.001 | 1.001 | 1.007 | 1.037 | 1.133 |
| 2 | | 2 | 67.7,112.3  1.215 | 67.7,112.3  1.000 | 67.6  0.999 | 67.5  0.997 | 67.2  0.993 | 66.6  0.986 |
| | | 3 | 67.7,112.3  1.215 | 67.7,112.3  1.000 | 67.6  0.999 | 67.5  0.997 | 67.2  0.992 | 66.6  0.984 |
| | | 4 | 67.7,112.3  1.215 | 67.7,112.3  1.000 | 67.6  0.999 | 67.5  0.997 | 67.2  0.991 | 66.6  0.983 |
| | | 5 | 67.7,112.3  1.215 | 67.7,112.3  1.000 | 67.6  0.999 | 67.5  0.996 | 67.2  0.991 | 66.6  0.983 |
| | | 6 | 67.7,112.3  1.215 | 67.7,112.3  1.000 | 67.6  0.999 | 67.5  0.996 | 67.1  0.991 | 66.6  0.983 |
| | | 7 | 67.7,112.3  1.215 | 67.7,112.3  1.000 | 67.6  0.999 | 67.5  0.996 | 67.1  0.991 | 66.6  0.983 |
| | | 8 | 67.7,112.3  1.215 | 67.7,112.3  1.000 | 67.6  0.999 | 67.5  0.996 | 67.1  0.991 | 66.6  0.983 |
| | | ∞ | 1.215 | 1.000 | 0.999 | 0.996 | 0.991 | 0.983 |
| ∞ | | 2 | 67.9,112.1  1.549 | 67.9,112.1  1.000 | 68.2  1.000 | 68.3  1.000 | 113.5  1.004 | 68.7  0.998 |
| | | 3 | 67.9,112.1  1.549 | 67.9,112.1  1.000 | 68.2  1.000 | 68.3  1.001 | 113.5  1.001 | 69.1  1.007 |
| | | 4 | 67.9,112.1  1.549 | 67.9,112.1  1.000 | 68.2  1.000 | 68.3  1.001 | 113.5  1.000 | 69.3  1.014 |
| | | 5 | 67.9,112.1  1.549 | 67.9,112.1  1.000 | 68.2  1.000 | 68.3  1.002 | 113.5  0.999 | 69.5  1.019 |
| | | 6 | 67.9,112.1  1.549 | 67.9,112.1  1.000 | 68.2  1.000 | 68.3  1.002 | 113.5  0.998 | 69.5  1.023 |
| | | 7 | 67.9,112.1  1.549 | 67.9,112.1  1.000 | 68.2  1.000 | 68.3  1.002 | 113.5  0.998 | 69.6  1.027 |
| | | 8 | 67.9,112.1  1.549 | 67.9,112.1  1.000 | 68.2  1.000 | 68.3  1.002 | 113.5  0.998 | 69.6  1.030 |
| | | ∞ | 1.549 | 1.000 | 1.002 | 1.002 | 0.998 | 1.051 |

## 2.3 一列に並んだ任意個の介在物による応力集中の干渉

**表2.10** 無限個の介在物における母材の無次元化最大応力 $S_{max} = \sigma_{max}/\sigma_1$
($\sigma_x^\infty = 1, \sigma_y^\infty = 0$)

| $a/b$ | $a/d$ | 0.0 | 0.0 | 0.2 | 0.4 | 0.6 | 0.8 |
|---|---|---|---|---|---|---|---|
| | $E_I/E_M$ | $\sigma_1$ | $S_{max}$ | $S_{max}$ | $S_{max}$ | $S_{max}$ | $S_{max}$ |
| 1.0 | 0.0 | 3.000 | 1.000 | 0.961 | 0.885 | 0.831 | 0.806 |
| | 0.5 | 1.506 | 1.000 | 0.990 | 0.966 | 0.940 | 0.921 |
| | 2.0 | 1.215 | 1.000 | 1.018 | 1.076 | 1.19 | 1.41 |
| | ∞ | 1.549 | 1.000 | 1.047 | 1.221 | 1.70 | 3.2 |
| $\sqrt{5}$ | 0.0 | 1.894 | 1.000 | 0.939 | 0.810 | 0.691 | 0.608 |
| | 0.5 | 1.303 | 1.000 | 0.996 | 0.984 | 0.967 | 0.949 |
| | 2.0 | 1.390 | 1.000 | 1.009 | 1.040 | 1.109 | 1.269 |
| | ∞ | 2.228 | 1.000 | 1.040 | 1.145 | 1.421 | 2.42 |

**表2.11** 無限個の介在物における母材の無次元化最大応力 $S_{max} = \sigma_{max}/\sigma_1$
($\sigma_x^\infty = 0, \sigma_y^\infty = 1$)

| $a/b$ | $a/d$ | 0.0 | 0.0 | 0.2 | 0.4 | 0.6 | 0.8 |
|---|---|---|---|---|---|---|---|
| | $EI/E_M$ | $\sigma_1$ | $S_{max}$ | $S_{max}$ | $S_{max}$ | $S_{max}$ | $S_{max}$ |
| 1.0 | 0.0 | 3.000 | 1.000 | 1.002 | 1.075 | 1.182 | 1.918 |
| | 0.5 | 1.506 | 1.000 | 1.001 | 1.01 | 1.037 | 1.133 |
| | 2.0 | 1.215 | 1.000 | 0.999 | 0.996 | 0.991 | 0.983 |
| | ∞ | 1.549 | 1.000 | 1.000 | 1.002 | 0.998 | 1.051 |
| $\sqrt{5}$ | 0.0 | 5.472 | 1.000 | 1.017 | 1.075 | 1.028 | 1.044 |
| | 0.5 | 1.692 | 1.000 | 1.001 | 1.004 | 1.013 | 1.044 |
| | 2.0 | 1.110 | 1.000 | 1.000 | 0.999 | 0.998 | 0.997 |
| | ∞ | 1.289 | 1.000 | 0.995 | 0.988 | 0.981 | 0.973 |

### (6) 総 括

この項では，無限板中の任意個の一列だ円形介在物の干渉効果を表2.8～2.11にまとめたほか，以下のことを述べた．

① だ円形介在物の列方向の引張りにおいて介在物の剛性が小さいとき，介在物列の最外側介在物で最大応力が生じ，中央部で**干渉効果**（応力の減少）は最大となる．一方，剛性の大きい介在物では，列中央部において最大応力が生じ，**干渉効果**（応力の増大）も最大となる．

② だ円形介在物の列直角方向引張りにおいて介在物の剛性が小さいとき，最も中央寄りの介在物で，一方の介在物の剛性が大きければ最も外側の介在物境界上に，それぞれ最大応力が生じる．

③ だ円形介在物の列方向引張りの場合における無次元化最大応力 $S_{jmax}$ と $1/N$ との関係，また列直角方向の引張りの場合における $S_{jmax}$ と $1/(N-0.5)$ との関係，それぞれはほぼ直線関係にあることが認められた。これらの性質によって $N \to \infty$ における $S_{jmax}$ の**極限値**を推定した。

### 2.3.2 回転だ円体状介在物が列方向または列直角方向引張りを受ける場合

介在物として3次元形状の介在物や空かの存在が実用上は重要であろう。例えば重工業メーカが経験したタービンの破裂事故など，鋳造製品の欠陥を発見する技術が確立されていなかったために生じた災害例がある。鋳造製品の信頼性評価のためには，複数個の欠陥による応力集中や欠陥周囲の応力分布を把握する必要があるものの，2次元的な欠陥の評価では不十分な場合がある。そこで，任意個の回転だ円体状介在物を有する無限体の応力集中問題を考察する。これまでのだ円形介在物や菱形介在物の干渉問題の解析と同じように，負荷応力の向きを変えて，回転だ円体状介在物の形状比と距離および母材と介在物の弾性比を変化させて応力集中の**干渉効果**を系統的に調べる。さらに，介在物の個数と最大応力との間に成立する漸近特性より個数が無限大の場合の応力集中係数を求め，無限板中のだ円形介在物の**干渉効果**と比較する。

（1） **3個の回転だ円体状介在物列における最大応力の特徴**

図2.53に示すように，任意個の回転だ円体状介在物列において遠方で一様な $z$ 方向の引張応力 $\sigma_z^\infty$，または $x$ 方向の引張応力 $\sigma_x^\infty$ が作用している問題を考える。この問題における**干渉効果**を理解するために，図2.54により，介在物が3個の場合で最大応力発生位置と大きさを説明する。図（a）のように**低剛性介在物列**（$E_I/E_M < 1$）に列方向応力 $\sigma_x^\infty$ が作用する場合には，外側の介在物で最大応力が生じる。その角度は $\theta = \pm 90°$ より少しずれ，1個の場合より少し小さくなる。また，図（b）に示すように，同様の条件で介在物の剛性が大きい（$E_I/E_M > 1$）場合には，内側の介在物に最大応力が現れ，1個の場合より大きくなる。つぎに，図（c）に示すように，列直角方向応力 $\sigma_x^\infty$ が作用

## 2.3 一列に並んだ任意個の介在物による応力集中の干渉

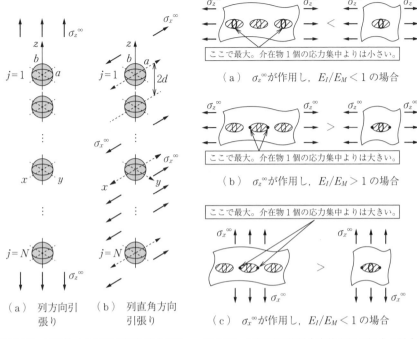

図2.53 無限体中の回転だ円体状介在物の負荷応力と座標

図2.54 回転だ円体状介在物3個の場合の最大応力と発生位置および1個の場合との比較

する**低剛性介在物**($E_I/E_M<1$)の場合には，内側の介在物で最大応力が生じる。その値は，1個の場合より大きくなり，$\sigma_y^\infty$が作用する場合と異なる。

**(2) 任意個の回転だ円体状介在物列の列方向引張りにおける最大応力**

**図2.55，2.56**は介在物個数$N=1\sim8$において，$a/b=1$，$b/d=0.6$，$\sigma_x^\infty$，$E_I/E_M=0.5$（図2.55），$2.0$（図2.56）の条件で生じる最大応力を介在物個数をパラメータにして示す。これらの図の縦軸は，最大応力$\sigma_{jmax}$を介在物単体における応力$\sigma_1$で除した無次元化最大応力$S_{jmax}=\sigma_{jmax}/\sigma_1$をとっている。図2.55より，**低剛性介在物**の場合，列方向に引張られると列端部で応力は最大，中央部では最小となり**干渉効果**としては中央部で最も大きい。一方，図2.56より，同一条件下で**高剛性介在物**の場合には，逆の傾向を示し，中央部で最大応力となり，**干渉効果**も最大となる。

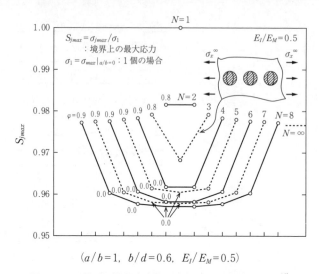

図 2.55　回転だ円体状介在物列における最大応力（1）[16)]

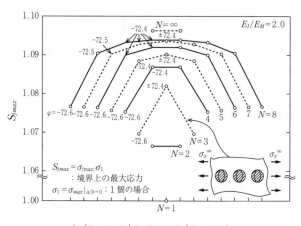

図 2.56　回転だ円体状介在物列における最大応力（2）[16)]

　図 2.57 と図 2.58 は介在物列が無限個の場合の**干渉効果**を調べるため，無次元化最大応力 $S_{jmax}$ と $1/N^2$ の関係を示す．これらの図より $S_{jmax}$ と $1/N^2$ の間にほぼ直線関係が成り立ち，その外挿により無限個における**干渉効果**を求めることができる．

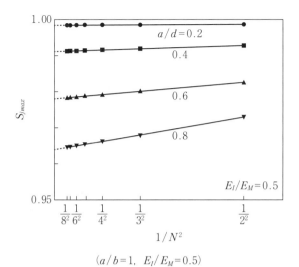

図 2.57 球状介在物列方向引張りにおける無次元化最大応力 $S_{jmax}$ と $1/N^2$ の関係（1）[16]

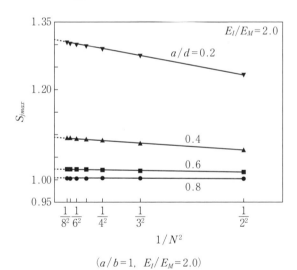

図 2.58 球状介在物列方向引張りにおける無次元化最大応力 $S_{jmax}$ と $1/N^2$ の関係（2）[16]

表 2.12 は，球状介在物の個数 $N=6$, 7, 8 および，∞のときの無次元化最大応力を異なる $E_I/E_M$ に対して求めたものである[13]。表 2.13 は $a/b=1$, 個数が∞のときの無次元化最大応力 $S_{jmax}$ を介在物間隔 $b/d$ を変化させてまとめたものである（3次元）。比較のために，円形介在物列を有する無限板の引張問題の結果（2次元）[17] も示す。表 2.13 より，**干渉効果**はつねに 2 次元の場合のほうが，多くの場合 5 ～ 10 ％程度大きい。つぎに，任意個の**回転だ円体状**

表 2.12 列方向引張りを受ける球状介在物個数 $N=6$, 7, 8, ∞のときの無次元化最大応力 $S_{max}$. ただし，最大応力が生じる介在物は，$E_I/E_M<1$ では最外側，$E_I/E_M>1$ では中央部

| $E_I/E_M$ | $b/d$ | 0.0 | | 0.0 | | 0.2 | | 0.4 | | 0.6 | | 0.8 | |
|---|---|---|---|---|---|---|---|---|---|---|---|---|---|
| | $N$ | $\varphi$ [°] | $\sigma_0$ | $\varphi$ [°] | $S_{jmax}$ | $\varphi$ [°] | $S_{jmax}$ | $\varphi$ [°] | $S_{jmax}$ | $\varphi$ [°] | $S_{jmax}$ | $\varphi$ [°] | $S_{jmax}$ |
| 0.0 | 6 | 0.0 | 2.046 | 0.0 | 1.000 | 0.0 | 0.9963 | 0.7 | 0.9765 | 2.1 | 0.9456 | 3.5 | 0.9223 |
| | 7 | 0.0 | 2.046 | 0.0 | 1.000 | 0.0 | 0.9963 | 0.7 | 0.9764 | 2.1 | 0.9452 | 3.5 | 0.9214 |
| | 8 | 0.0 | 2.046 | 0.0 | 1.000 | 0.0 | 0.9963 | 0.7 | 0.9764 | 2.1 | 0.9460 | 3.5 | 0.9211 |
| | ∞ | | 2.046 | | 1.000 | | 0.9963 | | 0.9761 | | 0.9456 | | 0.9190 |
| 0.5 | 6 | 0.0 | 1.348 | 0.0 | 1.000 | 0.0 | 0.9985 | 0.2 | 0.9917 | 0.9 | 0.9789 | 1.6 | 0.9651 |
| | 7 | 0.0 | 1.348 | 0.0 | 1.000 | 0.0 | 0.9985 | 0.2 | 0.9916 | 0.9 | 0.9786 | 1.6 | 0.9648 |
| | 8 | 0.0 | 1.348 | 0.0 | 1.000 | 0.0 | 0.9985 | 0.2 | 0.9916 | 0.9 | 0.9786 | 1.6 | 0.9646 |
| | ∞ | | 1.348 | | 1.000 | | 0.9984 | | 0.9915 | | 0.9783 | | 0.9641 |
| 2.0 | 6 | ±67.5 | 1.341 | ±67.5 | 1.000 | −67.6 | 1.0025 | −68.1 | 1.0231 | −72.4 | 1.0923 | −90.0 | 1.3020 |
| | 7 | ±67.5 | 1.341 | ±67.5 | 1.000 | −67.6 | 1.0026 | −68.1 | 1.0235 | −72.4 | 1.0938 | −90.0 | 1.3056 |
| | 8 | ±67.5 | 1.341 | ±67.5 | 1.000 | −67.6 | 1.0027 | −68.1 | 1.0236 | −72.4 | 1.0940 | −90.0 | 1.3065 |
| | ∞ | | 1.341 | | 1.000 | | 1.0030 | | 1.0239 | | 1.0947 | | 1.3094 |
| ∞ | 6 | ±68.0 | 2.042 | ±68.0 | 1.000 | −68.0 | 1.0081 | −68.0 | 1.0743 | −74.5 | 1.3317 | −90.0 | 2.5038 |
| | 7 | ±68.0 | 2.042 | ±68.0 | 1.000 | −68.0 | 1.0083 | −68.0 | 1.0756 | −74.5 | 1.3378 | −90.0 | 2.5451 |
| | 8 | ±68.0 | 2.042 | ±68.0 | 1.000 | −68.0 | 1.0084 | −68.0 | 1.0760 | −74.5 | 1.3407 | −90.0 | 2.5655 |
| | ∞ | | 2.042 | | 1.000 | | 1.0087 | | 1.0773 | | 1.3501 | | 2.6321 |

表 2.13 列方向引張りを受ける $N=\infty$ の球状介在物列 $(a/b=1)$ の $S_{jmax}=\sigma_{max}/\sigma_1$（3次元）と円形介在物の $S_{jmax}$（2次元）との比較

| D | $b/d$ | 0.0 | 0.0 | 0.2 | 0.4 | 0.6 | 0.8 |
|---|---|---|---|---|---|---|---|
| | $E_I/E_M$ | $\sigma_1$ | $S_{jmax}$ | $S_{jmax}$ | $S_{jmax}$ | $S_{jmax}$ | $S_{jmax}$ |
| 3次元 | 0.0 | 2.046 | 1.000 | 0.996 | 0.976 | 0.945 | 0.919 |
| | 0.5 | 1.348 | 1.000 | 0.999 | 0.992 | 0.978 | 0.964 |
| | 2.0 | 1.341 | 1.000 | 1.003 | 1.024 | 1.10 | 1.31 |
| | ∞ | 2.042 | 1.000 | 1.009 | 1.078 | 1.35 | 2.64 |
| 2次元[16] | 0.0 | 3.000 | 1.000 | 0.961 | 0.885 | 0.831 | 0.806 |
| | 0.5 | 1.506 | 1.000 | 0.990 | 0.966 | 0.940 | 0.921 |
| | 2.0 | 1.215 | 1.000 | 1.018 | 1.076 | 1.19 | 1.41 |
| | ∞ | 1.549 | 1.000 | 1.047 | 1.221 | 1.70 | 3.25 |

## 2.3 一列に並んだ任意個の介在物による応力集中の干渉

**介在物**の干渉問題において，3種の形状比 $a/b=1/2$，1，2のときの介在物間の距離 $b/d$ と**弾性比** $E_I/E_M$ を系統的に変化させたときの無次元化最大応力 $S_{jmax}$ を**表2.14**に示す。表2.12～2.14によれば，$E_I/E_M<1$ で最外側の介在物に $S_{jmax}$ が生じ，$E_I/E_M>1$ では最内側の介在物に最大応力 $S_{jmax}$ が生じる。また，干渉効果が最も大きく現れ，$S_{jmax}$ が1.0から最も離れるのは，いずれの場合でも中央部の介在物である。

**表2.14** 列方向引張りを受ける $N=\infty$ の回転だ円体状介在物において介在物間の距離 $b/d$ と弾性比 $E_I/E_M$ を変化させたときの無次元化最大応力 $S_{jmax}$

| $a/b$ | $b/d$ | 0.0 | 0.0 | 0.2 | 0.4 | 0.6 | 0.8 |
|---|---|---|---|---|---|---|---|
| | $E_I/E_M$ | $\sigma_1$ | $S_{jmax}$ | $S_{jmax}$ | $S_{jmax}$ | $S_{jmax}$ | $S_{jmax}$ |
| 1/2 | 0.0 | 1.440 | 1.000 | 0.999 | 0.995 | 0.984 | 0.970 |
| | 0.5 | 1.181 | 1.000 | 0.999 | 0.998 | 0.993 | 0.985 |
| | 2.0 | 1.559 | 1.000 | 1.002 | 1.014 | 1.05 | 1.18 |
| | ∞ | 3.416 | 1.000 | 1.006 | 1.041 | 1.16 | 1.71 |
| 1 | 0.0 | 2.046 | 1.000 | 0.996 | 0.976 | 0.945 | 0.919 |
| | 0.5 | 1.348 | 1.000 | 0.999 | 0.992 | 0.978 | 0.964 |
| | 2.0 | 1.341 | 1.000 | 1.003 | 1.024 | 1.10 | 1.31 |
| | ∞ | 2.042 | 1.000 | 1.009 | 1.078 | 1.35 | 2.64 |
| 2 | 0.0 | 3.313 | 1.000 | 0.980 | 0.920 | 0.874 | 0.845 |
| | 0.5 | 1.544 | 1.000 | 0.995 | 0.979 | 0.962 | 0.949 |
| | 2.0 | 1.186 | 1.000 | 1.015 | 1.063 | 1.22 | 1.42 |
| | ∞ | 1.504 | 1.000 | 1.030 | 1.181 | 1.82 | 4.12 |

**（3） 任意個の回転だ円体状介在物列の列垂直方向引張りにおける介在物境界上の応力分布**[18]

列直角方向引張りを受ける球状介在物の個数を $N=1$～5と変化させたときに最大応力が生じる最内側介在物の応力分布がどのように変化するかを**図2.59**と**図2.60**に示す。図2.59と図2.60はそれぞれ**剛性比** $E_I/E_M=0.1$，$10^5$ において球状介在物 $a/b=1.0$ と寸法比 $b/d=0.9$ を固定して，介在物の個数 $N$ を変化させたときの最内側介在物の応力分布を示したものである。図2.59は剛性比 $E_I/E_M=0.1$ の場合であるが，その**干渉効果**は空か（$E_I/E_M=0$）の場合とよく似た傾向を示しており，$\varphi=\pm0°$ 付近で引張応力の減少としてその干渉効果が現れている。また，図2.60によれば，介在物の剛性が大きい

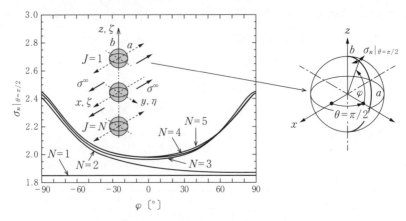

$(a/b=1.0,\ b/d=0.9,\ E_I/E_M=0.1)$

**図 2.59** $N$ 個の球状介在物列の最も内側の介在物における応力分布 $(\theta=\pi/2)$

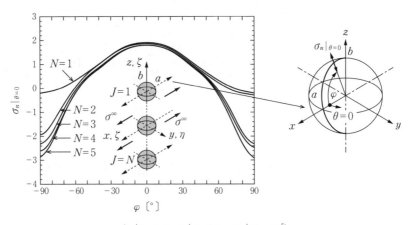

$(a/b=1.0,\ b/d=0.9,\ E_I/E_M=10^5)$

**図 2.60** $N$ 個の球状介在物列の最も内側の介在物における応力分布 $(\theta=0)$

$E_I/E_M=10^5$ の場合，干渉効果は $\varphi=\pm 90°$ 付近で顕著な圧縮応力として現れる．しかし，$\varphi=0°$ 付近のはく離に影響する引張応力 $\sigma_n$ の最大値は，あまり干渉によって影響を受けない．

無限個の回転だ円体状介在物を持つ無限体の列垂直方向引張における**干渉効果**を異なる形状比 $a/b=0.5,\ 1.0,\ 2.0$ それぞれの場合について，**表 2.15**

## 2.3 一列に並んだ任意個の介在物による応力集中の干渉

表2.15 列直角方向引張りを受けるだ円体状介在物の数が
無限大のときの最大応力 ($a/b=0.5$)

| $E_I/E_M$ | $b/d$ | $\varphi\,[°]$ | $\sigma_n$ | $\varphi\,[°]$ | $\sigma_\theta$ | $S_{jmax}$ |
|---|---|---|---|---|---|---|
| | | | | $\theta=\pi/2$ | | |
| 0 | 0 | | | 0 | 2.480 | 1.000 |
| | 0.2 | | | 0 | 2.481 | 1.000 |
| | 0.5 | | | ±1 | 2.490 | 1.004 |
| | 0.7 | | | ±3 | 2.509 | 1.012 |
| | 0.8 | | | ±45 | 2.534 | 1.022 |
| | 0.9 | | | ±73 | 2.644 | 1.060 |
| | | $\theta=0$ | | $\theta=\pi/2$ | | |
| 0.1 | 0 | 0 | 0.225 | 0 | 2.164 | 1.000 |
| | 0.2 | 0 | 0.225 | 0 | 2.165 | 1.000 |
| | 0.5 | 0 | 0.225 | ±1 | 2.170 | 1.003 |
| | 0.7 | 0 | 0.227 | ±3 | 2.183 | 1.009 |
| | 0.8 | 0 | 0.228 | ±43 | 2.199 | 1.016 |
| | 0.9 | 0 | 0.230 | ±73 | 2.273 | 1.050 |
| | | $\theta=0$ | | $\theta=\pi/2$ | | |
| 10 | 0 | 0 | 1.549 | 0 | 0.588 | 1.000 |
| | 0.2 | 0 | 1.549 | 0 | 0.588 | 0.981 |
| | 0.5 | 0 | 1.547 | 0 | 0.588 | 0.980 |
| | 0.7 | 0 | 1.542 | 0 | 0.586 | 0.977 |
| | 0.8 | 0 | 1.538 | 0 | 0.585 | 0.974 |
| | 0.9 | 0 | 1.531 | 0 | 0.584 | 0.970 |
| | | $\theta=0$ | | $\theta=\pi/2$ | | |
| $10^5$ | 0 | 0 | 1.652 | 0 | 0.708 | 1.000 |
| | 0.2 | 0 | 1.653 | 0 | 0.708 | 1.001 |
| | 0.5 | 0 | 1.651 | 0 | 0.708 | 0.999 |
| | 0.7 | 0 | 1.646 | 0 | 0.706 | 0.996 |
| | 0.8 | 0 | 1.642 | 0 | 0.704 | 0.994 |
| | 0.9 | 0 | 1.635 | 0 | 0.701 | 0.990 |

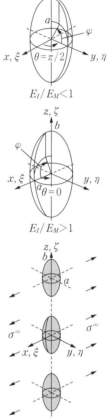

〜2.17に示す．これらの表より，$E_I/E_M<1$ では $a/b$ が大きくなると，$b/d$ の小さい領域では $\sigma_{max}$ は単独の状態と変わらず小さいままであるが，$b/d$ の大きい領域では $a/b$ が大きくなると $\sigma_{max}$ も大きくなる．一方，$E_I/E_M>1$ では $b/d$ の大きさによらず，$a/b$ が大きくなると $\sigma_{max}$ は小さくなる．表2.15〜2.17には最大応力の干渉効果を無次元化最大応力 $S_{jmax}$ でも表しているがその**干渉効果**はさきの2次元問題と比べてかなり小さい．

本項では，**回転だ円体状介在物**とその一例である**球状介在物**を中心に，その

**表 2.16** 列直角方向引張りを受けるだ円体状介在物の数が無限大のときの最大応力 ($a/b=1.0$)

| $E_I/E_M$ | $b/d$ | $\varphi$ [°] | $\sigma_n$ | $\varphi$ [°] | $\sigma_\theta$ | $S_{jmax}$ |
|---|---|---|---|---|---|---|
| | | | | $\theta=\pi/2$ | | |
| 0 | 0 | | | ±90 | 2.046 | 1.000 |
| | 0.2 | | | ±1 | 2.047 | 1.000 |
| | 0.5 | | | ±6 | 2.033 | 0.994 |
| | 0.7 | | | ±34 | 2.131 | 1.042 |
| | 0.8 | | | ±90 | 2.279 | 1.114 |
| | 0.9 | | | ±90 | 2.888 | 1.412 |
| | | $\theta=0$ | | $\theta=\pi/2$ | | |
| 0.1 | 0 | 0 | 0.192 | 0 | 1.854 | 1.000 |
| | 0.2 | 0 | 0.192 | ±3 | 1.855 | 1.001 |
| | 0.5 | 0 | 0.195 | ±3 | 1.879 | 1.013 |
| | 0.7 | 0 | 0.199 | ±35 | 1.915 | 1.033 |
| | 0.8 | 0 | 0.204 | ±90 | 2.023 | 1.091 |
| | 0.9 | 0 | 0.209 | ±90 | 2.454 | 1.324 |
| | | $\theta=0$ | | $\theta=\pi/2$ | | |
| 10 | 0 | 0 | 1.768 | 0 | 0.670 | 1.000 |
| | 0.2 | 0 | 1.768 | 0 | 0.670 | 1.000 |
| | 0.5 | 0 | 1.756 | 0 | 0.667 | 0.993 |
| | 0.7 | 0 | 1.728 | 0 | 0.658 | 0.977 |
| | 0.8 | 0 | 1.705 | 0 | 0.651 | 0.964 |
| | 0.9 | 0 | 1.677 | 0 | 0.643 | 0.949 |
| | | $\theta=0$ | | $\theta=\pi/2$ | | |
| $10^5$ | 0 | 0 | 1.938 | 0 | 0.831 | 1.000 |
| | 0.2 | 0 | 1.936 | 0 | 0.834 | 0.999 |
| | 0.5 | 0 | 1.924 | 0 | 0.825 | 0.993 |
| | 0.7 | 0 | 1.892 | 0 | 0.811 | 0.976 |
| | 0.8 | 0 | 1.869 | 0 | 0.800 | 0.964 |
| | 0.9 | 0 | 1.843 | 0 | 0.790 | 0.951 |

干渉問題について説明し,以下のように要約される.

① 列方向引張りを受ける回転だ円体状介在物の最大応力は,母材と介在物の弾性比が $E_I/E_M<1$ ならば最も外側の介在物境界上に,一方,$E_I/E_M>1$ ならば最も中央よりの介在物境界上に生じる.また**干渉効果**は,剛性によらず中央部で最大である.

② 回転だ円体状介在物の個数 $N$ の逆数の二乗 $1/N^2$ に対して最大応力はほぼ直線関係にあることが認められ,これらの性質によって個数が無限大にお

**表2.17** 列直角方向引張りを受けるだ円体状介在物の数が無限大のときの最大応力 ($a/b=2.0$)

| $E_I/E_M$ | $b/d$ | $\varphi$ [°] | $\sigma_n$ | $\varphi$ [°] | $\sigma_\theta$ | $S_{jmax}$ |
|---|---|---|---|---|---|---|
| | | | | $\theta=\pi/2$ | | |
| 0 | 0 | | | 0 | 1.660 | 1.000 |
| | 0.2 | | | ±90 | 1.655 | 0.997 |
| | 0.5 | | | ±14 | 1.696 | 1.022 |
| | 0.7 | | | ±90 | 1.970 | 1.187 |
| | 0.8 | | | ±90 | 2.332 | 1.405 |
| | 0.9 | | | ±90 | 3.112 | 1.875 |
| | | $\theta=0$ | | $\theta=\pi/2$ | | |
| 0.1 | 0 | 0 | 0.156 | 0 | 1.524 | 1.000 |
| | 0.2 | ±1 | 0.157 | ±90 | 1.554 | 1.020 |
| | 0.5 | ±1 | 0.165 | ±26 | 1.583 | 1.039 |
| | 0.7 | ±1 | 0.173 | ±90 | 1.794 | 1.177 |
| | 0.8 | ±1 | 0.176 | ±90 | 2.057 | 1.350 |
| | 0.9 | ±1 | 0.176 | ±90 | 2.554 | 1.676 |
| | | $\theta=0$ | | $\theta=\pi/2$ | | |
| 10 | 0 | 0 | 2.208 | 0 | 0.834 | 1.000 |
| | 0.2 | 0 | 2.207 | 0 | 0.834 | 1.000 |
| | 0.5 | 0 | 2.130 | 0 | 0.808 | 0.965 |
| | 0.7 | 0 | 2.033 | 0 | 0.761 | 0.921 |
| | 0.8 | 0 | 1.986 | 0 | 0.756 | 0.899 |
| | 0.9 | 0 | 1.934 | 0 | 0.742 | 0.876 |
| | | $\theta=0$ | | $\theta=\pi/2$ | | |
| $10^5$ | 0 | 0 | 2.557 | 0 | 1.096 | 1.000 |
| | 0.2 | 0 | 2.556 | 0 | 1.095 | 1.000 |
| | 0.5 | 0 | 2.448 | 0 | 1.049 | 0.957 |
| | 0.7 | 0 | 2.313 | 0 | 0.990 | 0.905 |
| | 0.8 | 0 | 2.246 | 0 | 0.962 | 0.878 |
| | 0.9 | 0 | 2.183 | 0 | 0.934 | 0.854 |

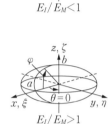

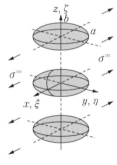

ける最大応力の極限値を示した。

③ だ円形介在物の（3次元）の干渉効果はつねに，だ円体状介在物（2次元）より小さく現れており，多くの場合で5〜10％小さい（表2.13）。

④ 列直角方向引張りを受ける場合は①と異なり，低剛性介在物では中央部に最大の応力と**干渉効果**が現れ，高剛性介在物では最外側で最大応力が生じ，干渉が大きい。

## 2.3.3　菱形介在物が列方向または列直角方向引張りを受ける場合

**菱形介在物**は樹脂母材中に矩形強化材が入るインサート成形品の製品設計や脆性材表層部に生じた欠けおち部の修理法などにおいて重要となるが，円形介在物とは異なる問題である。すなわち，菱形には鋭い角が存在することから，最大応力発生位置は明らかであるが，その大きさや**干渉効果**は似て非なる問題である。

### （1）　無限板中の3個の一列菱形介在物における最大応力の特徴

まず，無限板中の任意個の一列菱形介在物において遠方で一様な引張応力が作用して介在物相互間に生じる干渉の問題を考える[19]。干渉によって生じる応力の変化を理解するために，**図2.61**により，介在物が3個の介在物の場合で最大応力の位置と大きさを説明する。図(a)のように一列に並んだ3個の低剛性介在物（$E_I/E_M<1$）が列方向引張りを受ける場合には，外側の介在物で最大応力が生じ，その値は1個の場合より少し小さくなる。また，図(b)に示すように，同様の条件で介在物の剛性が大きい（$E_I/E_M>1$）場合には，内

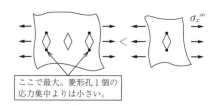

（a）　$\sigma_x^\infty$ が作用し，$E_I/E_M<1$ の場合

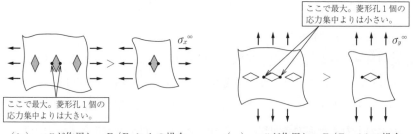

（b）　$\sigma_x^\infty$ が作用し，$E_I/E_M>1$ の場合　　（c）　$\sigma_y^\infty$ が作用し，$E_I/E_M<1$ の場合

**図2.61**　介在物3個の場合の最大応力と発生位置と1個の場合との比較

## 2.3 一列に並んだ任意個の介在物による応力集中の干渉

側の介在物に最大応力が現れ，1個の場合より大きくなる。つぎに，図（c）に示すように，列直角方向応力が作用した3個の低剛性介在物（$E_I/E_M<1$）が一列に並んだ場合には，内側の介在物で最大応力が生じる。その値は，1個の場合より大きくなり，列方向引張りが作用する場合（図（a））と異なる。このように，介在物の剛性と引張方向によって干渉効果による最大応力が大きくなったり，その発生位置が異なるなど，だ円形介在物と同様の傾向を示す。

### （2） 2個の介在物間の干渉問題とその解析方法

図2.62に示すような同一形状および寸法を持つ任意個（偶数個）の菱形孔を有する無限板を例にとり簡単に解析方法を説明する。なお，詳細な解説は省略するので，参考文献20）を参照していただきたい。この例題は，一列に並んだ菱形介在物が遠方で一様な $x$ 方向の引張応力 $\sigma_x^\infty$，または $y$ 方向の引張応力 $\sigma_y^\infty$ が作用している問題である。菱形介在物の角部では応力集中係数は∞となるため，応力を用いて評価できないので**応力拡大係数**を用いて**干渉効果**を説明する。図2.62の**体積力法**を用いた解析においては，**図2.63**のような2種類の形式の体積力分布を線形結合することによって問題を表現する[21]。菱形のそれぞれの隅角部では，一般にモードⅠとモードⅡの二つの変形が生じるので，角部での上下の仮想境界上に分布させるべき $\theta$ 方向と $r$ 方向の体積力に対して，隅角部の二等分線に対して対称形（モードⅠ）と逆対称形（モードⅡ）の2種類の分布形式を採用する[20]。このとき，隅角部Ａと隅角部Ｂとでは**特異性**

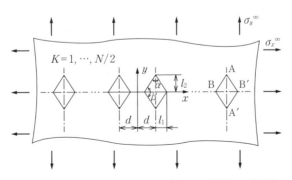

図2.62 無限板中に配列された任意個 $N$ （偶数）の菱形孔

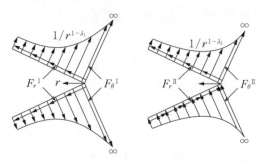

（a）対称形（モードⅠ）　（b）逆対称形（モードⅡ）

**図 2.63**　菱形の角部についての 2 種類の形式の体積力分布の線形結合

**指数**が異なるため，解析は辺の中央より二分割して行う。角部 A，A′ および B，B′（図 2.62）にそれぞれ図 2.63 の形式の体積力を分布させ，その線形結合によって境界条件を満足させる。また，この体積力は $y$ 軸に対して対称な位置にも同様の形式で分布させるものとする。このような体積力法の考え方に基づいて，図 2.62 の問題で無限板中の $k$ 番目の菱形孔となるべき仮想境界上の $\theta$ 方向および $r$ 方向の**体積力密度**をそれぞれ

$$F_{\theta,k}(r) = F_{\theta,k}^{\mathrm{I}}(r) + F_{\theta,k}^{\mathrm{II}}(r), \quad F_{\theta,k}(r) = F_{\theta,k}^{\mathrm{I}}(r) + F_{\theta,k}^{\mathrm{II}}(r)$$

（添字はモードⅠ，モードⅡの分布形式に相当）

とすれば，隅角部 A を含む境界での境界条件（法線方向と接線方向の応力が 0）を表す**特異積分方程式**が得られ，隅角部の**応力拡大係数** $K_{\mathrm{I},\lambda_1,k}$，$K_{\mathrm{II},\lambda_2,k}$ が求められる。ここで $\lambda_1$，$\lambda_2$ は，次の特性方程式の根である[22), 23)]。

$$\left. \begin{array}{l} \text{モードⅠ}: \sin\{\lambda_1(2\pi-\alpha)\} = \lambda_1 \sin\alpha \\ \text{モードⅡ}: \sin\{\lambda_2(2\pi-\alpha)\} = \lambda_2 \sin\alpha \end{array} \right\} \tag{2.2}$$

以上の解析法により，図 2.62 に示す任意個の菱形孔角部応力拡大係数の干渉問題において，隅角部 A（角度 $\alpha$），隅角部 B（角度 $\beta$），介在物間隔 $l_1/d$ または $l_2/d$ さらに孔個数 $N$ を変えて応力拡大係数 $K_{\mathrm{I},\lambda_1,k}$ を求めた。なお，$K_{\mathrm{II},\lambda_2,k}$ は，$K_{\mathrm{I},\lambda_1,k}$ に対比して小さいので省略する。角部先端での鋭利度合いを考慮した重みづけを行うと**無次元化応力拡大係数**は次式で表される。

## 2.3 一列に並んだ任意個の介在物による応力集中の干渉

$$F_{\mathrm{I},\lambda_1} = \frac{K_{\mathrm{I},\lambda_1}}{\sigma^\infty} \sqrt{\pi}\, l_1^{1-\lambda_1}, \quad F_{\mathrm{I},\lambda_1} = \frac{K_{\mathrm{I},\lambda_1}}{\sigma^\infty} \sqrt{\pi}\, l_2^{1-\lambda_1} \tag{2.3}$$

ここで，$l_1$，$l_2$ は菱型一辺の $x$，$y$ 方向それぞれの投影長さである（図 2.62）。

表 2.18, 2.19 には，2 個の菱形孔における無次元化最大応力拡大係数を示す。表 2.18 は $N=2$，$\alpha \leq 90°$ で列方向引張りのときの最大応力拡大係数が生じる隅角部 A において得られた応力拡大係数 $F_{\mathrm{I},\lambda_1}$ を示す。また，表 2.19 は，$\beta \leq 90°$ で列直角方向引張りのときの最大応力拡大係数が生じる隅角部 B において生じる無次元化最大応力拡大係数 $F_{\mathrm{I},\lambda_1}$ を示す。これらの表で $l_1$，$l_2/d \to 0$ は，菱形孔が一つの場合に相当する。2 個の場合の**干渉効果**をき裂（$\alpha=0$，または $\beta=0$）で比較すると，$l_1$，$l_2/d=2/3$ の場合，列方向引張りで 10.5 % 減

表 2.18　2 個の菱形孔列方向引張りにおける
応力拡大係数の干渉（A で最大）

| | | | $F_{\mathrm{I}\lambda_1} = K_{\mathrm{I}\lambda_1}/\sigma^\infty \sqrt{\pi}\, l_2^{1-\lambda_1}$ | | | |
|---|---|---|---|---|---|---|
| $l_2/d$ \ $\alpha$ | 0° | 15° | 20° | 30° | 60° | 90° |
| 0 | 1.000 | 1.011 | 1.019 | 1.042 | 1.148 | 1.293 |
| 1/6 | 0.990 | 1.001 | 1.009 | 1.029 | 1.133 | 1.275 |
| 1/4 | 0.978 | 0.988 | 0.996 | 1.016 | 1.116 | 1.254 |
| 1/3 | 0.964 | 0.973 | 0.980 | 0.999 | 1.096 | 1.228 |
| 1/2 | 0.930 | 0.937 | 0.943 | 0.960 | 1.049 | 1.172 |
| 2/3 | 0.895 | 0.901 | 0.907 | 0.923 | 1.006 | 1.125 |

表 2.19　2 個の菱形孔列直角方向引張りにおける
応力拡大係数の干渉（B で最大）

| | | | $F_{\mathrm{I}\lambda_1} = K_{\mathrm{I}\lambda_1}/\sigma^\infty \sqrt{\pi}\, l_1^{1-\lambda_1}$ | | | |
|---|---|---|---|---|---|---|
| $l_1/d$ \ $\beta$ | 0° | 15° | 20° | 30° | 60° | 90° |
| 0 | 1.000 | 1.011 | 1.019 | 1.042 | 1.148 | 1.293 |
| 1/6 | 1.004 | 1.022 | 1.027 | 1.048 | 1.152 | 1.295 |
| 1/4 | 1.009 | 1.024 | 1.032 | 1.053 | 1.157 | 1.296 |
| 1/3 | 1.018 | 1.030 | 1.041 | 1.062 | 1.164 | 1.299 |
| 1/2 | 1.048 | 1.064 | 1.072 | 1.092 | 1.190 | 1.317 |
| 2/3 | 1.112 | 1.130 | 1.137 | 1.156 | 1.252 | 1.374 |

少するのに対して,列直角引張りでは,11.2％高くなり,引張方向で異なる効果を与える。

図2.64は,表2.18の2個の菱形孔列方向引張りで,孔の間隔$l_2/d$を0～2/3の範囲に変化させたときの隅角部Aにおける$F_{\mathrm{I},\lambda_1}$を示すもので,介在物間隔が小さくなる($l_2/d$が大きくなる)ほど$F_{\mathrm{I},\lambda_1}$は小さくなる。また,図2.65は,表2.19の菱形孔列直角方向引張りで,孔の間隔$l_1/d=0$～2/3に変

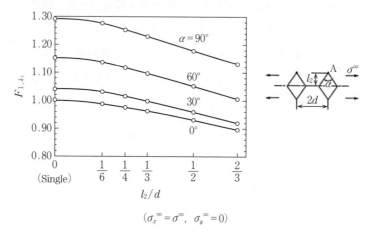

($\sigma_x^\infty = \sigma^\infty$, $\sigma_y^\infty = 0$)

図2.64 2個の菱形孔列方向引張りにおける応力拡大係数$F_{\mathrm{I},\lambda_1}$と$l_2/d$の関係を示す一例

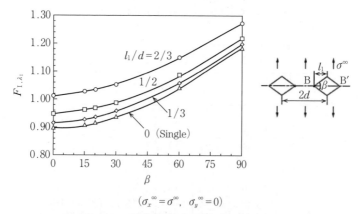

($\sigma_x^\infty = \sigma^\infty$, $\sigma_y^\infty = 0$)

図2.65 2個の菱形孔列直角方向引張りにおける応力拡大係数$F_{\mathrm{I},\lambda_1}$と$\beta$の関係

化させたときの隅角部 b における $F_{\mathrm{I},\lambda_1}$ を示すものである。$\beta=0$ (き裂) から 90°までが大きくなると $F_{\mathrm{I},\lambda_1}$ は大きくなるが，**干渉効果**はやや小さくなる。

(3) **任意個の菱形孔介在物における干渉（列方向引張り）**

列方向引張りを受ける菱形孔が $N$ 個の場合の干渉問題について考える。**表 2.20** は，$l_2/d$ および角度 $\alpha$ を変えたときの $N$ と列端部分介在物に生じる応力拡大係数の最大値をまとめたものである。表中の $N\to\infty$ における $F_{\mathrm{I},\lambda_1}$ は，$1/N$ との直線性を用いて外挿したものである。また，き裂における値 ($\alpha=0°$) は石田らの結果[21]から内挿したものである。表 2.20 から列方向引張り下で $\alpha\leqq 90°$ においては，$l_2/d$ の増加に伴い $F_{\mathrm{I},\lambda_1}$ は減少する。また，無限個まで孔数が増加すると $F_{\mathrm{I},\lambda_1}$ は減少するが，$N=3$ からの $N$ の増加による減少率はたかだか 4% ほどである。**図 2.66** は，$N=1\sim 10$ の条件で $\alpha=30°$，$l_2/d=1/3$ において菱形孔隅角 A に生じる応力拡大係数を示した図である。図 2.66 の縦軸は，$K_{\mathrm{I},\lambda_1}/K_{\mathrm{I},\lambda_1}|_{N=1}$ すなわち，菱形孔が 1 個のときの値との比をとっている。図 2.66 より，最外側孔で最大値を示す。すなわち，$\alpha\leqq 90°$ であれば，外側孔で最大となる。一方，菱形孔が列直角方向引張荷重を受ける場合，最内側菱形孔で最大となるが，詳しくは後の (5) にて述べる。これらの結果は，$\alpha=0°$ の $x$ 方向列に並ぶ平行き裂群と $\beta=0°$ のき裂群に対して行われた石田らの解析結果[21]と類似している。すなわち，石田らは図 2.62 で $\alpha=0°$ の平行き裂群の $x$ 方向引張りにおいては最外側のき裂において最大値が生じることを示している。つぎに，個数 $N$ と**応力拡大係数**の関係を**図 2.67** に示す。この図より，$F_{\mathrm{I},\lambda_1}$ と $1/N$ との間にはほぼ直線関係が成り立っており，$N\to\infty$ の場合の $F_{\mathrm{I},\lambda_1}$ を求めることができる。

**表 2.21** は，$N=\infty$ 個の菱形介在物の剛性比が $E_I/E_M=10^{-5}\sim 10^5$ の範囲で大きく変化する場合の両端と中央部における**応力拡大係数**をまとめたものである。**応力拡大係数**は，$E_I/E_M$ が小さいときは端部で大きい。しかし，$E_I/E_M$ が大きいときは負となり，中央部のほうが負の値で大きいが，実用上はあまり問題にならない。

## 2. 母材中に存在する介在物により生じる応力集中（無限板，無限体）

表 2.20　$N$ 個の菱形孔列方向引張りにおける応力拡大係数の最大値（$N$ 個の孔の両端に生じる値）

| $l_2/d$ | $\alpha=0°$ $F\|_{N=1}$ 0 | $F_{max,N}/F\|_{N=1}$ 1/3 | 1/2 | 2/3 | $\alpha=30°$ $F\|_{N=1}$ 0 | $F_{max,N}/F\|_{N=1}$ 1/3 | 1/2 | 2/3 | $\alpha=60°$ $F\|_{N=1}$ 0 | $F_{max,N}/F\|_{N=1}$ 1/3 | 1/2 | 2/3 | $\alpha=90°$ $F\|_{N=1}$ 0 | $F_{max,N}/F\|_{N=1}$ 1/3 | 1/2 | 2/3 |
|---|---|---|---|---|---|---|---|---|---|---|---|---|---|---|---|---|
| 2 | 1.000 | 0.964 | 0.930 | 0.896 | 1.042 | 1.000 | 0.958 | 0.921 | 0.886 | 1.148 | 1.000 | 0.954 | 0.914 | 0.876 | 1.293 | 1.000 | 0.949 | 0.907 | 0.870 |
| 3 | 1.000 | 0.955 | 0.915 | 0.876 | 1.042 | 1.000 | 0.951 | 0.907 | 0.867 | 1.148 | 1.000 | 0.945 | 0.898 | 0.856 | 1.293 | 1.000 | 0.939 | 0.890 | 0.849 |
| 4 | 1.000 | 0.952 | 0.909 | 0.867 | 1.042 | 1.000 | 0.947 | 0.900 | 0.857 | 1.148 | 1.000 | 0.941 | 0.891 | 0.847 | 1.293 | 1.000 | 0.934 | 0.882 | 0.840 |
| 5 | 1.000 | 0.949 | 0.905 | 0.862 | 1.042 | 1.000 | 0.944 | 0.896 | 0.852 | 1.148 | 1.000 | 0.938 | 0.887 | 0.842 | 1.293 | 1.000 | 0.931 | 0.878 | 0.834 |
| 6 | 1.000 | 0.948 | 0.902 | 0.859 | 1.042 | 1.000 | 0.943 | 0.894 | 0.849 | 1.148 | 1.000 | 0.936 | 0.884 | 0.838 | 1.293 | 1.000 | 0.930 | 0.875 | 0.831 |
| 7 | 1.000 | 0.947 | 0.901 | 0.856 | 1.042 | 1.000 | 0.942 | 0.892 | 0.846 | 1.148 | 1.000 | 0.935 | 0.882 | 0.836 | 1.293 | 1.000 | 0.929 | 0.873 | 0.828 |
| 8 | 1.000 | 0.947 | 0.900 | 0.855 | 1.042 | 1.000 | 0.941 | 0.891 | 0.844 | 1.148 | 1.000 | 0.935 | 0.881 | 0.834 | 1.293 | 1.000 | 0.928 | 0.871 | 0.826 |
| 9 | 1.000 | 0.946 | 0.899 | 0.854 | 1.042 | 1.000 | 0.941 | 0.890 | 0.843 | 1.148 | 1.000 | 0.934 | 0.880 | 0.832 | 1.293 | 1.000 | 0.927 | 0.870 | 0.825 |
| 10 | 1.000 | 0.946 | 0.898 | 0.853 | 1.042 | 1.000 | 0.940 | 0.889 | 0.842 | 1.148 | 1.000 | 0.933 | 0.879 | 0.831 | 1.293 | 1.000 | 0.926 | 0.869 | 0.823 |
| ∞ | 1.000 | 0.942 | 0.892 | 0.846 | 1.042 | 1.000 | 0.936 | 0.881 | 0.832 | 1.148 | 1.000 | 0.929 | 0.871 | 0.821 | 1.293 | 1.000 | 0.922 | 0.861 | 0.813 |

列方向引張り

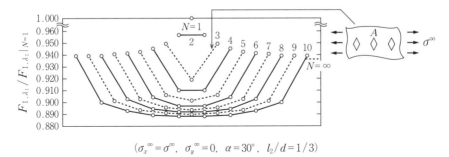

$(\sigma_x^\infty = \sigma^\infty,\ \sigma_y^\infty = 0,\ \alpha = 30°,\ l_2/d = 1/3)$

図 2.66　$N$ 個の菱形孔列方向引張りにおける角部 A の応力拡大係数

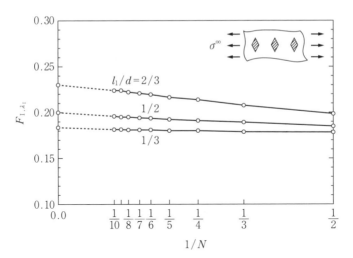

$(\alpha\beta = 30°,\ E_I/E_M = 10^2,\ \sigma = \sigma,\ \sigma = 0,$
平面ひずみ, ポアソン比 $\nu_I = \nu_M = 0.3)$

図 2.67　高剛性菱形介在物列方向引張りにおける
応力拡大係数と $1/N$ の関係

**表 2.21** 無限個の菱形介在物列方向引張りにおける応力拡大係数 $F_{I,A}$
((E) が列の両端の介在物の値, (M) が列中央の介在物: $N=\infty$)

列方向引張り  $\sigma^\infty \leftrightarrow$ (E) ... (M) ... $\sigma^\infty$  $2d$

| $E_I/E_M$ | | $F_{I,\lambda_1,E}\|_{N=\infty}$ | | | | | $F_{I,\lambda_1,M}\|_{N=\infty}$ | | | | |
|---|---|---|---|---|---|---|---|---|---|---|---|
| $\alpha$ | $l_2/d$ | $10^{-5}$ | $10^{-2}$ | $10^{-1}$ | $10^1$ | $10^2$ | $10^5$ | $10^{-5}$ | $10^{-2}$ | $10^{-1}$ | $10^1$ | $10^2$ | $10^5$ |
| 30° | 0 | 1.042 | 0.909 | 0.747 | −0.160 | −0.174 | −0.177 | 1.042 | 0.909 | 0.747 | −0.160 | −0.174 | −0.177 |
| | 1/3 | 0.975 | 0.856 | 0.727 | −0.163 | −0.175 | −0.180 | 0.893 | 0.804 | 0.707 | −0.163 | −0.178 | −0.182 |
| | 1/2 | 0.918 | 0.811 | 0.708 | −0.163 | −0.176 | −0.181 | 0.770 | 0.717 | 0.673 | −0.164 | −0.179 | −0.190 |
| | 2/3 | 0.867 | 0.770 | 0.690 | −0.164 | −0.178 | −0.185 | 0.655 | 0.638 | 0.636 | −0.166 | −0.181 | −0.192 |
| 60° | 0 | 1.148 | 1.054 | 0.717 | −0.154 | −0.173 | −0.175 | 1.148 | 1.054 | 0.717 | −0.154 | −0.173 | −0.175 |
| | 1/3 | 1.066 | 0.980 | 0.686 | −0.159 | −0.179 | −0.179 | 0.968 | 0.911 | 0.651 | −0.163 | −0.182 | −0.184 |
| | 1/2 | 1.000 | 0.923 | 0.658 | −0.161 | −0.184 | −0.186 | 0.823 | 0.793 | 0.599 | −0.166 | −0.190 | −0.195 |
| | 2/3 | 0.943 | 0.872 | 0.633 | −0.165 | −0.187 | −0.191 | 0.756 | 0.702 | 0.547 | −0.169 | −0.194 | −0.206 |
| 90° | 0 | 1.293 | 1.223 | 0.858 | −0.131 | −0.148 | −0.152 | 1.293 | 1.223 | 0.858 | −0.131 | −0.148 | −0.152 |
| | 1/3 | 1.192 | 1.128 | 0.808 | −0.149 | −0.163 | −0.163 | 1.072 | 1.033 | 0.757 | −0.153 | −0.169 | −0.169 |
| | 1/2 | 1.113 | 1.054 | 0.768 | −0.157 | −0.171 | −0.172 | 0.898 | 0.893 | 0.677 | −0.164 | −0.184 | −0.184 |
| | 2/3 | 1.051 | 0.997 | 0.733 | −0.158 | −0.178 | −0.179 | 0.835 | 0.786 | 0.607 | −0.175 | −0.188 | −0.201 |

**(4) 無限個の菱形孔介在物における干渉(列直角方向引張り)**

図 2.68 〜 2.70 は,$\beta=30°$, 60°, 90° での列直角方向引張りにおいて,菱形孔の個数 $N$ とピッチ比 $l_1/d$ を系統的に変えたときの**応力拡大係数**の最大値 $F_{I,\lambda_1}$ と孔個数との関係を示したものである.これらの図より,$F_{I,\lambda_1}$ と $1/N$ との間には,ほぼ直線性が認められ $N\to\infty$ の場合の $F_{I,\lambda_1}$ を求めることができる.

石田らにより無限体の共線き裂群あるいは平行き裂群で,同様の荷重下において,$l_1/d$,または $l_2/d$ を固定したときの $F_{I,\lambda_1}$ と $1/N$ との間の直線関係が示されており,菱形孔はき裂と同様の**干渉効果**を示すことが確認されている.

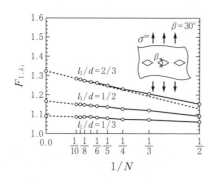

($\sigma_x^\infty=0$, $\sigma_y^\infty=\sigma^\infty$, $\beta=30°$)

**図 2.68** 菱形孔列直角方向引張りにおける応力拡大係数と $1/N$ の関係(1)

2.3 一列に並んだ任意個の介在物による応力集中の干渉　　　105

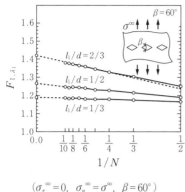
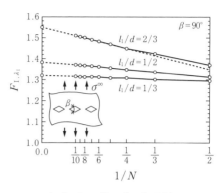

($\sigma_x^\infty = 0$, $\sigma_y^\infty = \sigma^\infty$, $\beta = 60°$)

**図 2.69** 菱形孔列直角方向引張りにおける応力拡大係数と $1/N$ の関係（2）

($\sigma_x^\infty = 0$, $\sigma_y^\infty = \sigma^\infty$, $\beta = 90°$)

**図 2.70** 菱形孔列直角方向引張りにおける応力拡大係数と $1/N$ の関係（3）

（5） **任意個の菱形孔介在物における干渉（列直角方向引張り）**

図 2.71 は，$N=1 \sim 10$ の菱形孔列直角方向引張りにおける隅角部 B の応力拡大係数比を示す．$N$ の増加とともに応力拡大係数の最大値は列中央部で大きくなり，**無限個**で $N=1$ の場合より 5％程大きく，$N=3$ で 3％大きい．これ以上 $N$ が増えても応力拡大係数はほとんど大きくならない．

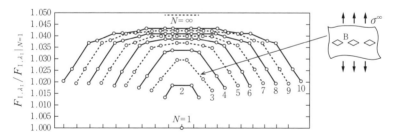

**図 2.71** $N$ 個の菱形孔列直角方向引張りにおける角部 B の応力拡大係数
（$\beta=30°$, $l_1/d=1/3$, $\sigma_x^\infty=0$, $\sigma_y^\infty=\sigma^\infty$,）

表 2.22 は，無限個の列直角方向引張りにおける $l_1/d$ と介在物（$E_I/E_M = 10^{-5} \sim 10^5$），さらに菱形角度 $\beta$ を系統的に変えたときの $N$ と応力拡大係数の最大値をまとめたものである．それぞれの条件における介在物の両端（E），

**表 2.22** 無限個の菱形介在物列直角方向引張りにおける列両端の介在物（E）および列中央の介在物（M）に生じる最大応力拡大係数

| $E_I/E_M$ | | $F_{L\lambda_1,E}\|_{N=\infty}$ | | | | | | $F_{L\lambda_1,M}\|_{N=\infty}$ | | | | | |
|---|---|---|---|---|---|---|---|---|---|---|---|---|---|
| $\beta_B$ | $l_1/d$ | $10^{-5}$ | $10^{-2}$ | $10^{-1}$ | $10^1$ | $10^2$ | $10^5$ | $10^{-5}$ | $10^{-2}$ | $10^{-1}$ | $10^1$ | $10^2$ | $10^5$ |
| 30° | 0 | 1.042 | 0.909 | 0.747 | −0.160 | −0.174 | −0.177 | 1.042 | 0.909 | 0.747 | −0.160 | −0.174 | −0.177 |
| | 1/3 | 1.063 | 0.957 | 0.754 | −0.164 | −0.178 | −0.181 | 1.093 | 0.975 | 0.763 | −0.165 | −0.184 | −0.198 |
| | 1/2 | 1.097 | 0.978 | 0.761 | −0.166 | −0.184 | −0.186 | 1.070 | 1.032 | 0.781 | −0.194 | −0.200 | −0.219 |
| | 2/3 | 1.147 | 1.014 | 0.769 | −0.169 | −0.192 | −0.213 | 1.329 | 1.141 | 0.815 | −0.194 | −0.229 | −0.263 |
| 60° | 0 | 1.148 | 1.054 | 0.717 | −0.154 | −0.173 | −0.175 | 1.148 | 1.054 | 0.717 | −0.154 | −0.173 | −0.175 |
| | 1/3 | 1.169 | 1.082 | 0.728 | −0.168 | −0.188 | −0.188 | 1.192 | 1.110 | 0.734 | −0.174 | −0.194 | −0.199 |
| | 1/2 | 1.198 | 1.100 | 0.734 | −0.175 | −0.194 | −0.195 | 1.264 | 1.170 | 0.756 | −0.192 | −0.218 | −0.228 |
| | 2/3 | 1.248 | 1.140 | 0.743 | −0.183 | −0.205 | −0.210 | 1.421 | 1.293 | 0.800 | −0.228 | −0.268 | −0.280 |
| 90° | 0 | 1.293 | 1.223 | 0.858 | −0.131 | −0.148 | −0.152 | 1.293 | 1.223 | 0.858 | −0.131 | −0.148 | −0.152 |
| | 1/3 | 1.307 | 1.241 | 0.864 | −0.154 | −0.168 | −0.168 | 1.319 | 1.251 | 0.869 | −0.169 | −0.187 | −0.189 |
| | 1/2 | 1.334 | 1.266 | 0.873 | −0.163 | −0.181 | −0.181 | 1.385 | 1.306 | 0.890 | −0.205 | −0.231 | −0.236 |
| | 2/3 | 1.385 | 1.314 | 0.891 | −0.178 | −0.199 | −0.201 | 1.553 | 1.444 | 0.950 | −0.268 | −0.316 | −0.317 |

および中央（M）の介在物に対する値を示す。また，き裂（$\beta=0°$）の値は石田らの結果から内挿したものである．表2.22から，介在物が近接する（$l_1/d$増加）に伴い $F_{I,\lambda_1}$ は増加する．この点は，列方向引張りの場合（表2.21）と異なる．

以上述べてきたように，菱形介在物の場合，低剛性の場合には隅角 $\alpha$，$\beta$ における応力拡大係数は，き裂における干渉と類似な**傾向**を示す．しかし，高剛性の場合には，隅角 $\alpha$，$\beta$ の大きさや引張方向によって，**応力拡大係数**の最大値が生じる列中の位置や隅角部の部位，さらには生じる応力の正，負が変わってくる．設計対象とする介在物の剛性，形状，並び方や応力の方向などそれぞれの置かれた状況に応じて，注意深く検討を進めていく必要がある．

# 3. 接着接合部に生じる応力集中と接合強度の評価法

## 3.1 応力集中を支配する弾性パラメータについて

　工業製品の多くで接着剤による接合が頻繁に使用されている。その応用範囲は広く，航空・宇宙産業をはじめ自動車産業や造船業などさまざまな産業で使用されている。**図3.1**は**接着接合板**（図（a））において，接着強度が接着厚さによってどのように変化するかを実験より求めたものである（図（b））[1]。図示するように接着強度は接着厚さが増加すると減少する。図（a）の**接着接合板**は均質な板を接合した最も簡単な接合問題であるが，均質板の引張りと異なり，変形特性が接着剤と被接着材で異なるので，接着部では，均一な応力状態とならない。すなわち，この問題では被着材と接着剤の材料特性が異なるこ

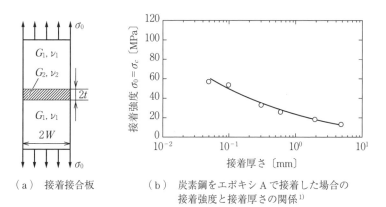

（a）接着接合板　　（b）炭素鋼をエポキシAで接着した場合の接着強度と接着厚さの関係[1]

**図3.1**　接着接合板の問題および接着強度 $\sigma_0 = \sigma_c$ と接着厚さ $t$ の関係

とから接合端部の応力が無限大になる。このような無限大となる応力を特異応力という。応力が無限大となるので，応力の大きさそのもので接合部の強度を表現できない。そこで，**図 3.2** に，この**特異応力場の強さ** ISSF（intensity of singular stress field）に注目して実験結果を整理した結果を示す[2]。

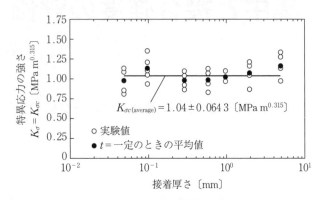

**図 3.2** 炭素鋼をエポキシ A で接着した場合の接着接合板における特異応力場の強さ $K_\sigma = K_{\sigma c}$ と接着厚さ $t$ の関係[2]

図 3.2 より，接着強度は接着厚さ $t$ によらず，特異応力場の強さ ISSF＝一定で表現されることがわかる。すなわち，同じ試験方法（この場合の接着接合板（図 3.1（b））による評価）であれば，被着材と接着剤が決まれば，接着強度が一義的に決まるので，設計者にとってきわめて便利である。このような特異応力場の強さ ISSF に注目する強度評価法は，き裂材の強度評価に広く用いられており，破壊力学の手法として知られている。接着接合問題は，接合端応力が無限大になる一種の応力集中問題である。そこでここでは，まず弾性定数が弾性体の応力集中にどのように影響するかをまとめて説明する。

**図 3.3** は円孔を有する均質板の問題である。均質材の弾性定数は，縦弾性係数 $E$，横弾性係数 $G$，ポアソン比 $\nu$ の三つであるが，式 (3.1) の関係式が知られている。

$$G = \frac{E}{2(1+\nu)} \tag{3.1}$$

よって，独立な弾性定数は二つである。図 3.3（a）のような円孔を有する板

## 3.1 応力集中を支配する弾性パラメータについて

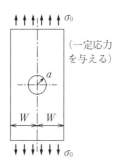
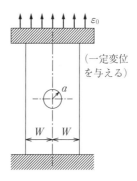

(a) 境界条件がすべて力や応力で与えられる場合(弾性定数 $E, G, \nu$ は影響しない)

(b) 境界条件の一部が変位やひずみで与えられる場合(弾性定数 $E, G, \nu$ が影響する)

**図 3.3** 円孔を有する帯板における応力集中

の**応力集中係数**は $E, G, \nu$ に依存せず,$a/W$ のみによって,つまり形状のみによって決まる。すなわち,一般に,図(a)のような,境界条件がすべて力や応力で与えられる 2 次元平板問題では,その応力集中に**弾性定数**が影響しないことが知られている。一方,図(b)のように境界条件の一部が変位やひずみで与えられる 2 次元問題では,その応力集中に**弾性定数**が影響する。

つぎに,3 次元均質材の応力集中を考える。**図 3.4** の**半円形円周切欠き**を有する丸棒が引張りを受ける問題の応力集中係数を**表 3.1 に示す**[3]。表 3.1 に示すように,3 次元応力集中では**ポアソン比**も結果に影響する。しかし,その影

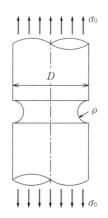

**図 3.4** 半円形円周切欠きを有する丸棒における応力集中
(ポアソン比 $\nu$ のみ影響)

**表 3.1** 半円形円周切欠きを有する丸棒の応力集中係数

| $\rho/(D/2)$ | $\nu=0$ | $\nu=0.1$ | $\nu=0.2$ | $\nu=0.3$ | $\nu=0.4$ | $\nu=0.5$ |
|---|---|---|---|---|---|---|
| 0.05 | 2.866 | 2.850 | 2.833 | 2.824 | 2.806 | 2.791 |
| 0.1 | 2.665 | 2.639 | 2.615 | 2.593 | 2.572 | 2.552 |
| 0.2 | 2.288 | 2.251 | 2.220 | 2.191 | 2.165 | 2.140 |
| 0.3 | 1.961 | 1.925 | 1.894 | 1.871 | 1.843 | 1.820 |
| 0.4 | 1.692 | 1.659 | 1.632 | 1.608 | 1.586 | 1.567 |
| 0.5 | 1.476 | 1.451 | 1.429 | 1.411 | 1.395 | 1.383 |
| 0.6 | 1.312 | 1.295 | 1.281 | 1.269 | 1.258 | 1.252 |
| 0.7 | 1.197 | 1.189 | 1.179 | 1.172 | 1.166 | 1.160 |
| 0.8 | 1.115 | 1.111 | 1.106 | 1.101 | 1.099 | 1.094 |
| 0.9 | 1.053 | 1.050 | 1.048 | 1.046 | 1.044 | 1.044 |

響はあまり大きくなく，特に，実用金属材料の多くでは**ポアソン比** $\nu=0.2 \sim 0.4$ に限定されるので，その影響は3%以下である。

**図 3.5** は，異種材料接合問題の簡単な例を示す。均質材の応力集中に及ぼす弾性定数の影響はさきに説明したが，**弾性定数**の図（a），（b）への影響は，どのようになるのであろうか？これらの問題において，**弾性定数**は $E_1$, $G_1$, $\nu_1$, $E_2$, $G_2$, $\nu_2$ の全部で6個が関係する。まず，$G_i=E_i/2(1+\nu_i)$，$(i=1, 2)$ の関係があるので，独立な弾性定数は4個である。それでは，これらのすべてが影響するのであろうか？ この問題は，Dundurs が研究しており[4]，図のような応力集中係数や特異応力場の強さ ISSF など，弾性力学問題の解は，以下に示す $\alpha$, $\beta$ が同じならば，必ず同じになることが証明されている。ここで $\alpha$,

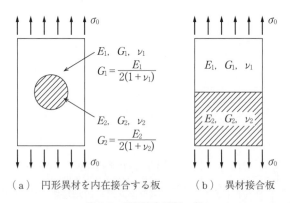

（a）円形異材を内在接合する板　　（b）異材接合板

**図 3.5** 異材接合問題の例

$\beta$ は **Dundurs の複合パラメータ**と呼ばれるもので，次式のように横弾性係数 $G$ とポアソン比 $\nu$ により表すことができる。

$$\alpha = \frac{G_1(\kappa_2+1) - G_2(\kappa_1+1)}{G_1(\kappa_2+1) + G_2(\kappa_1+1)} \tag{3.2}$$

$$\beta = \frac{G_1(\kappa_2-1) - G_2(\kappa_1-1)}{G_1(\kappa_2+1) + G_2(\kappa_1+1)} \tag{3.3}$$

ただし

$$\kappa_j = \begin{cases} \dfrac{3-\nu_j}{1+\nu_j} & \text{(平面応力)} \\ 3-4\nu_j & \text{(平面ひずみ)} \end{cases}$$

$\alpha$，$\beta$ のみで解が決定することは 2 次元問題の異種材料接合問題すべてに成立する。このことを有限要素法により実際の事例で検証する。

**図 3.6** および**表 3.2** は，**図 3.7** に示す 3 種類の問題（a）〜（c）の接合端部それぞれに生じる特異応力場の強さを比の形で示したものである。ここで，3 種類の問題は，（a）基準となる接合板，（b）接着接合板，（c）接着接合丸棒，の異種材料接合問題であり，それぞれの接着界面に生じる特異応力場の強

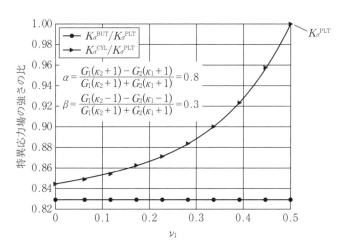

**図 3.6** 3 種類の接合材における接合端部の特異応力場の強さ ISSF の比

**表 3.2** 無次元化応力拡大係数および接合端部の特異応力場の強さ ISSF の比 ($\alpha=0.8,\ \beta=0.3$)

| $\nu_1$ | 0 | 0.065 | 0.120 | 0.175 | 0.230 | 0.285 | 0.340 | 0.395 | 0.450 | 0.500 |
|---|---|---|---|---|---|---|---|---|---|---|
| $F_\sigma^{PLT}$ | 0.636 | 0.636 | 0.636 | 0.636 | 0.636 | 0.636 | 0.636 | 0.636 | 0.636 | 0.636 |
| $\dfrac{K_\sigma^{BUT}}{K_\sigma^{PLT}}$ | 0.828 59 | 0.828 58 | 0.828 57 | 0.828 56 | 0.828 55 | 0.828 53 | 0.828 52 | 0.828 50 | 0.828 47 | 0.828 44 |
| $\dfrac{K_\sigma^{CYL}}{K_\sigma^{PLT}}$ | 0.845 66 | 0.848 85 | 0.854 09 | 0.861 51 | 0.871 35 | 0.884 05 | 0.900 39 | 0.922 23 | 0.957 57 | 0.998 91 |

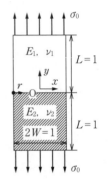 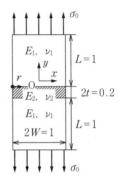 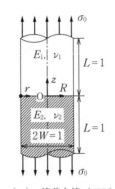

（a） 基準となる接合板（PLT）　　（b） 接着接合板（BUT）　　（c） 接着丸棒（CYL）

**図 3.7** 複合材料（$\alpha=0.8,\ \beta=0.3$）

さ ISSF を（a）$K_\sigma^{PLT}$，（b）$K_\sigma^{BUT}$ および（c）$K_\sigma^{CYL}$ で表記する。ここで，応力と**特異応力場の強さ** $K_\sigma$（**応力拡大係数** $K$ と区別する）との間には次の関係式が成り立つ。

$$\sigma_y \propto \frac{K_\sigma}{r^{1-\lambda}} = \frac{F_\sigma \sigma_0 (2W)^{1-\lambda}}{r^{1-\lambda}} \tag{3.4}$$

図 3.6 および表 3.2 において，$K_\sigma^{BUT}/K_\sigma^{PLT}$ は，基準となる接合板 $K_\sigma^{PLT}$（図 3.7（a））に対する接着接合板 $K_\sigma^{BUT}$（図（b））の特異応力場の強さの比である。同様に，$K_\sigma^{CYL}/K_\sigma^{PLT}$ は $K_\sigma^{PLT}$（図（a））に対する接合丸棒の特異応力場の強さの比である。図 3.6 の横軸および表 3.2 では図 3.7 における材料 1 のポアソン比 $\nu_1$ を 0 から 0.5 まで変化させて示している。そのとき $G_1$，$G_2$，$\nu_2$ は $\alpha=0.8$，$\beta=0.3$ の条件を満たすように変化する。

(b)/(a)の特異応力場の強さの比 $K_\sigma^{BUT}/K_\sigma^{PLT}$ は,表3.2に示されるように許容誤差の範囲で一定であるのに対し,(c)/(a)の比 $K_\sigma^{CYL}/K_\sigma^{PLT}$ は,0.846から0.999まで変化し一定とはいえない。これより,異種接合材料の板の問題(図3.7(a),(b))では $\alpha$, $\beta$ が同じであるなら,解が同じである,ということが一つの例で実証されたことになる。応力集中問題へ及ぼす弾性定数の影響のまとめを以下に示す。

① 均質板の応力集中問題は,**弾性定数** $E$, $G$, $\nu$ に無関係である。
② 均質材の立体の**応力集中問題**では**ポアソン比** $\nu$ のみ影響する。しかし,その影響は,3%程度以下である(表3.1参照)。
③ 異種材料接合板の問題では,$\alpha$, $\beta$ によって応力のみが決まる。
④ 異種材料接合の立体問題では,$\alpha$, $\beta$ のみでは決まらない。例えば,図3.6の例では,$\alpha$, $\beta$ が固定されても応力集中は 0.846 ~ 0.999 まで変化する。

## 3.2 接着接合材の接合界面における応力分布

### 3.2.1 接合端部における特異応力場の強さ ISSF とはなにか?

接着接合板は母材と接着剤の異種材料が接合されているのが特徴であり,母材が金属や樹脂,接着剤がエポキシ系やシリコン樹脂など種々の製品がある。すなわち,用途に合わせた母材と接着剤の組合せが存在する。しかしながら,それらほとんどの材料の組合せにおいて,異種材料界面の接合端部で特異応力が生じるので,構造物の接合部の損傷へとつながることがある。この損傷を生じる厳しさの評価は特異応力場の強さによって表現される[5]。特異性指数は後述する特性方程式の解として得られる。これまでに得られた実験結果より,接着層厚さが大きくなると接合強度は下がることがわかっている[1] けれども,その理由ははっきりとは説明されていない。ここでは,その実験結果を解析によって理論的に説明し,接着強度を支配する理論と実態の正しい理解に供したい。

図3.8（a）のような，単一材料の試験片においては，断面が一様であれば，任意の横断面において一様な引張応力分布が生じる。しかし，図（b）のような，接着剤と被接着材からなる板の応力分布については，あまり知られていない。しかし，図（b）のような構造は基本的モデルであり，設計実務上からも理解しておきたい。ここでは，有限要素法を用いて求める。対称性を考慮して図3.9のように，図3.8（b）の1/4モデルを用いて解析を行う。

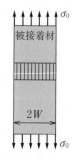
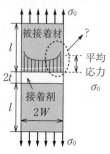
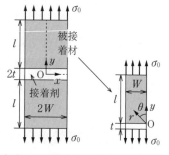

（a）単一材料の応力分布どこでも $\sigma_y = \sigma_0$　（b）接着接合板の応力分布界面で一様な応力分布とはならない

**図3.8** 単一材料と接着接合板の応力分布の違い

（a）接着接合板　（b）1/4モデル

**図3.9** 接着接合板と1/4モデル（問題1：未知問題）

なお，図3.9（a）の接着接合板では接合界面では，$y=t^-$ と $y=t^+$ において，$\sigma_y$, $\tau_{xy}$, $\varepsilon_x$ は連続であるが，$\sigma_x$, $\varepsilon_y$, $\gamma_{xy}$ は不連続となる。しかし，有限要素法解析では本来連続となるべき $\sigma_y$, $\tau_{xy}$, $\varepsilon_x$ も不連続となるので，通常，その平均値が界面で与えられる。図3.9において，$r$ は接着剤と被接着材界面端部（以下，接合端部または界面端部と略記）からの距離，$\theta$ は $r$ の方向を表す。被接着材の**縦弾性係数**と**ポアソン比**を $E_1$, $\nu_1$ とし，接着剤の**縦弾性係数**と**ポアソン比**を $E_2$, $\nu_2$ とする。なお，あとで応力分布を比較するため，図3.10に示す異材接合板も同じメッシュで解析する。この結果は，図3.9の接着接合板の $t$ が十分大きい場合に相当する。接合端部では，$r \to 0$ の応力値は分母が0になるという特異性を有する。そこで接合端部では，特異応力場が生じその強さは，$K_\sigma$ (ISSF) は

## 3.2 接着接合材の接合界面における応力分布

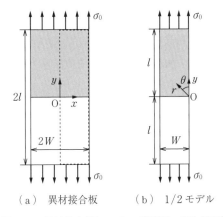

（a）異材接合板　（b）1/2モデル

**図3.10** 異材接合板とモデル（問題2：既知問題）

$$K_\sigma = \lim_{r \to 0}\left[r^{1-\lambda} \times \sigma_{\theta/\theta=\pi/2}(r)\right] \tag{3.5}$$

と表される。$\sigma_{\theta/\theta=\pi/2}(r)$ は図3.10 において垂直方向の応力を示している。また，式 (3.5) における $\lambda$ は，次の特異性の大きさを表す指数で，**特異性指数**と呼ばれる。

$$\left[\sin^2\left(\frac{\pi}{2}\lambda\right) - \lambda^2\right]^2 \beta^2 + 2\lambda^2\left[\sin^2\left(\frac{\pi}{2}\lambda\right) - \lambda^2\right]\alpha\beta^2 + \lambda^2(\lambda^2 - 1)\alpha^2 + \frac{\sin^2(\lambda\pi)}{4} = 0 \tag{3.6}$$

式 (3.6) は，接着剤と被着材がそれぞれ 90°の角度で完全に接着されるときの境界条件より求まり，特性方程式と呼ばれる。式 (3.6) 中の $\alpha$, $\beta$ は，**Dundurs**[4] **の複合パラメータ**であり，横弾性係数 $G$ とポアソン比 $\nu$ によって表される。$\alpha$, $\beta$ のみで異材接合端部の特異応力場が一義的に決まる。接合端部は**特異応力場**であるために，有限要素法を用いて特異応力場の強さを計算する場合，メッシュサイズに対応した誤差がある。$\sigma^{real}$ を界面端部における真の応力，$\sigma^{FEM}$ を有限要素法により求めた応力とすると，一般に $\sigma^{real} \neq \sigma^{FEM}$ である。すなわち，接合端部の特異応力場の強さ $K_\sigma$ (ISSF) は次式で示されるように $\sigma^{real}$ からは求まるが，$\sigma^{FEM}$ からは求まらない。

$$K_\sigma = \lim_{r \to 0}\left[r^{1-\lambda} \sigma^{real}_{\theta|\theta=\pi/2}(r)\right] \neq \lim_{r \to 0}\left[r^{1-\lambda} \sigma^{FEM}_{\theta|\theta=\pi/2}(r)\right] \tag{3.7}$$

そこで，有限要素法を用いて**特異応力場の強さ** $K_\sigma$ を解析する新しい計算方法を述べる．その方法は**特異応力場の強さの比** $K_\sigma^1/K_\sigma^2$ に注目するものである．その理由は，この比を求めるほうが $K_\sigma$ を直接求めるより容易であるためである．ここで，添え字の1, 2は異なる $t/W$ (すなわち，異なる接着層厚さ $t_1$, $t_2$) の結果であることを意味している．すなわち，異なる接着層厚さ $t_1$, $t_2$ の問題をそれぞれ問題1（未知問題），問題2（基準問題または既知問題）と呼ぶ．この解析法では，新たに解析したい問題（未知問題）を解く場合には，それと接合端で相似な応力分布であって，すでに厳密解が得られている既知問題（基準問題）を選ぶ必要がある．特異応力場の強さの比を求めれば，二つの問題の誤差をキャンセルできる．したがって，接着端部の実際の応力比と有限要素法で計算した応力比が同じになることが理解できる．この関係を次式で示す．

$$\frac{K_\sigma^1}{K_\sigma^2}=\lim_{r\to 0}\frac{\left[r^{1-\lambda_1}\sigma_{\theta|\theta=\pi/2}^{1,real}(r)\right]}{\left[r^{1-\lambda_1}\sigma_{\theta|\theta=\pi/2}^{2,real}(r)\right]}=\lim_{r\to 0}\frac{\sigma_{\theta|\theta=\pi/2}^{1,real}(r)}{\sigma_{\theta|\theta=\pi/2}^{2,real}(r)}=\lim_{r\to 0}\frac{\sigma_{\theta|\theta=\pi/2}^{1,FEM}(r)}{\sigma_{\theta|\theta=\pi/2}^{2,FEM}(r)} \quad (3.8)$$

すなわち，接着剤による接合端部の特異応力場の強さ $K_\sigma$ は，有限要素法で直接求めることはできないが，異なる $t/W$ の特異応力場の強さ $K_\sigma^1$ と $K_\sigma^2$ の比については有限要素法で容易に求めることができる．また，$r$ に沿って比 $K_\sigma^1/K_\sigma^2$ と比 $\sigma_y^1/\sigma_y^2$ は一致する．図3.9, 3.10 に示す $\sigma_y^1/\sigma_y^2$ と $K_\sigma^1/K_\sigma^2$ の値はともに $r$ に依存せず一定値をとるため，$K_\sigma^1$ と $K_\sigma^2$ の比から未知問題である異種材料接合端部における応力分布が求められることになる．

### 3.2.2 接合板の接合界面の応力分布

異なる材料の組合せに対する界面の応力分布を考える．**図3.11にDundursの複合パラメータ** $\alpha$, $\beta$ が以下の場合の接合板の接合界面の応力分布 $\sigma_y$ を示す．

（1）: $(\alpha,\beta) = (0.8, 0.1)$, $(\alpha,\beta) = (0.9, 0.3)$, $(\alpha,\beta) = (0.3, 0)$
（2）: $(\alpha,\beta) = (0.2, 0.1)$
（3）: $(\alpha,\beta) = (0.2, 0.2)$

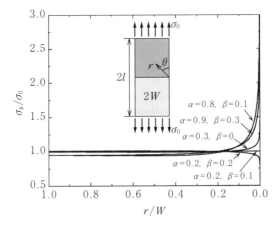

**図3.11** 異なる材料の組合せに対する界面の応力分布

このような材料の組合せについて一般に次のことが知られている。

（1）の組合せ，すなわち $(\alpha, \beta) = (0.8, 0.1)$，$(\alpha, \beta) = (0.9, 0.3)$，$(\alpha, \beta) = (0.3, 0)$ のときは，いずれも，$\alpha(\alpha - 2\beta) > 0$ を満足する。このとき，式 (3.6) に $\lambda < 1$ となる一つの解が存在する。すなわち，この接着接合板の応力は，本来 $r \to 0$ で $\sigma \to$ 無限大となることが知られており **Bad pair** と呼ばれる。図 3.11 に示すように有限要素法では一般に $r \to 0$ で $\sigma \to$ 無限大を表現できない。

（2）の組合せで $(\alpha, \beta) = (0.2, 0.1)$ のときは $\alpha(\alpha - 2\beta) = 0$ を満足する。このとき，式 (3.6) に $\lambda = 1$ となる解が一つ存在する。すなわち，この接着接合板の応力は $r \to 0$ で $\sigma \to$ 有限となることが知られており **Equal pair** と呼ばれる。

（3）の組合せで $(\alpha, \beta) = (0.2, 0.2)$ のときは $\alpha(\alpha - 2\beta) < 0$ を満足する。このとき，式 (3.6) の解は，$\lambda > 1$ のみとなる。すなわち，この接着接合板の応力は $r \to 0$ で $\sigma \to 0$ となることが知られており **Good pair** と呼ばれる。

なお，有限要素法では，通常は接着剤と被接着材の界面の応力は一致しないので，この解析では接着剤と被接着材の結果から外挿し，その平均値を用いることによって界面に沿っての応力分布を求めればよい。

図 3.12 に接着層厚さが特異応力場の強さに与える影響を理解するため，接着層厚さを変化させた場合の応力を，有限要素法を用いて求めた。$\alpha = 0.3$，

118    3. 接着接合部に生じる応力集中と接合強度の評価法

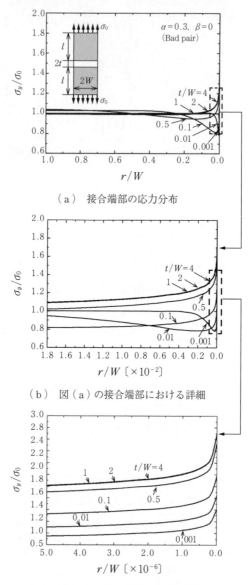

(a) 接合端部の応力分布

(b) 図(a)の接合端部における詳細

(c) 図(b)の接合端部における詳細

($\alpha = 0.8$, $\beta = 0.3$：Bad pair)

図3.12 接着厚さが異なる場合の接合端部の応力分布

$\beta=0$（Bad pair）と固定して，接着層厚さ $t/W=0.001$，0.01，0.1，0.5，1，2，4 と変化させて得られる界面の応力分布を示す。なお，メッシュサイズは**図 3.13** に示す。図 3.12（a）における接合端部（図中の破線囲み内）の特異応力分布を拡大して，図（b）に示す。接着層厚さが増加すると特異応力を示す領域が増加することがわかる。また，$t/W=1$，2，4 の場合，ほとんど同じ応力分布を示す。界面端部における応力分布をさらに詳しく理解するため，図（b）における接合端部（図中の破線囲み内）の応力分布を拡大させて図（c）に示す。図（c）より応力は接着端部で急激に増加し，真の応力は $r \to 0$ で無限大となるが，図 3.12 の解析に用いた有限要素法では $r \to 0$ における応力分布を正確に表すことができないので有限値が得られている。しかし，ここで注目すべきことは，異なる接着層厚さ $t/W$ における応力分布が接着端部付近では $r/W$ に沿って直線に近い似通った分布を示すことである。

図 3.13 は，$t/W=1$ の応力分布を基準として，応力分布の相対値を示したものである。図に示すように，板幅 $W=1\,000$ の場合，最小メッシュサイズとして

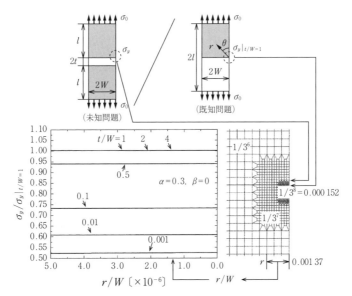

**図 3.13** 有限要素法解析によって得られた接合端部近傍における応力分布の相対値 $\sigma_y/\sigma_y|_{t/W=1}$（Bad pair：$\alpha=0.3$，$\beta=0$，$W=1\,000$）

$1/3^8 = 1/6561$ を用いると，接着剤接合端部付近の応力分布の比 $\sigma_y^1/\sigma_{y|t/w=1}$ は一定となる．図より，有限要素法により端部の特異性を正確に示すのは困難であるけれども，特異性を示す領域においても $\sigma_y^1/\sigma_{y|t/w=1}$ の相対値については正確に求められる．より詳しく検討するため，最小メッシュサイズ $1/3^8 = 1/6561$ で有限要素法を用いて得られた接合端面の応力およびその応力と基準問題の応力との比を**表3.3**で比較する．

**表3.3** 複合界面端部における応力 $\sigma_y$ とその基準問題における応力との比 $\sigma_y/\sigma_{y|t/W=1}$ （（a） $1/3^8=1/6561$，（b） $1/3^4=1/81$，$W=1000$）

| (a) 細かいメッシュ $(1/3^8)$ | | | (b) 粗いメッシュ $(1/3^4)$ | | |
|---|---|---|---|---|---|
| $r/W$ | $\sigma_{y|t/W=0.01}$ | $\left(\dfrac{\sigma_{y|t/W=0.01}}{\sigma_{y|t/W=1}}\right)$ | $r/W$ | $\sigma_{y|t/W=0.01}$ | $\left(\dfrac{\sigma_{y|t/W=0.01}}{\sigma_{y|t/W=1}}\right)$ |
| 0 | 1.640 | (0.609) | 0 | 1.246 | (0.609) |
| 1/6561000 | 1.365 | (0.609) | 1/81000 | 1.036 | (0.609) |
| 2/6561000 | 1.320 | (0.609) | 2/81000 | 1.001 | (0.608) |
| 3/6561000 | 1.286 | (0.609) | 3/81000 | 0.975 | (0.608) |
| 4/6561000 | 1.262 | (0.609) | 4/81000 | 0.956 | (0.608) |
| 5/6561000 | 1.243 | (0.609) | 5/81000 | 0.942 | (0.607) |

表より応力比は $r$ に依存せず4桁まで一致していることがわかる．表3.3（b）は，表（a）よりもメッシュサイズを $3^4=81$ 倍大きくした場合の結果である．応力の比はメッシュサイズによっても変わらない．接着端部の応力は，特異性のある領域では誤差が生じ易く応力の値はメッシュサイズに大きく依存するので，有限要素法を用いて応力を正確に表現することは容易でない．しかし，表3.3より，応力の比はメッシュサイズによらず正確に求められることがわかる．以上述べた計算結果より，未知問題と基準問題（既知問題）との応力比は，メッシュサイズの違いによらず変わらないことがわかった．これは，未知問題と基準問題の界面端部が同じメッシュサイズの条件で，有限要素法による応力の誤差が同じになるためと考えられる．すなわち，式(3.8)は次式のように表現できる．

$$\frac{K_\sigma^1}{K_\sigma^2} = \lim_{r \to 0} \frac{\sigma_{\theta|\theta=\pi/2}^{1,real}}{\sigma_{\theta|\theta=\pi/2}^{2,real}} = \lim_{r \to 0} \frac{\sigma_{\theta|\theta=\pi/2}^{1,FEM}}{\sigma_{\theta|\theta=\pi/2}^{2,FEM}} \tag{3.9}$$

したがって，接着端部の実際の応力比と有限要素法で計算した応力比が同じになること（式 (3.9)）により，有限要素法を用いて接着界面端部（はく離の危険性が最大）の応力を求めることができるのである．

## 3.3 引張りを受ける接着接合板の特異応力場の強さ

### 3.3.1 引張りにおける特異応力場の強さ

陳，西谷や野田らは図 3.14 (a) のような異材接合板（基準となる接合板）の特異応力場の強さについて，体積力法を用いて精度よく解析した[6),7)]．

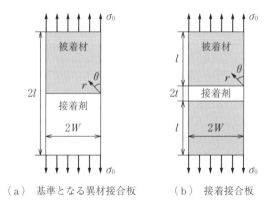

（a）基準となる異材接合板　　（b）接着接合板

**図 3.14** 解析対象となる接合板

ここでは，特異応力場が生じる**特異性指数** $\lambda<1$（Bad pair）の範囲だけでなく特異応力場が生じない材料の組合せ（Good pair）についても有限要素法で追加計算を行い，結果を**表 3.4** と**図 3.15** に示す．表 3.4 と図 3.15 は，$t/W \geqq 1$ の場合に相当する**異材接合板**の結果である．図 3.15 には**特異性指数** $\lambda>1$ となる $F_\sigma = K_\sigma/(\sigma W^{1-\lambda})$ の範囲もあわせて示している．解析した範囲は，$\lambda>1$ の場合は特異性がないため有限要素法により容易に解析できる．ここで**特異応力場の強さ** ISSF として無次元値 $F_\sigma$ を用いているのは，特異応力場の強さ ISSF

表 3.4　異材接合板（基準問題）の無次元化応力拡大係数 $F_\sigma = K_\sigma/(\sigma_0(2W)^{1-\lambda})$, $l/W \geq 1$

| α \ β | -0.4 | -0.3 | -0.2 | -0.1 | 0 | 0.1 | 0.2 | 0.3 | 0.4 |
|---|---|---|---|---|---|---|---|---|---|
| -1.00 | 0.540 | 0.446 | 0.395 | 0.357 | 0.332 | — | — | — | — |
| -0.95 | 0.643 | 0.349 | 0.381 | 0.422 | 0.491 | — | — | — | — |
| -0.90 | 0.726 | 0.534 | 0.456 | 0.412 | 0.381 | — | — | — | — |
| -0.80 | 1.000 | 0.636 | 0.538 | 0.487 | 0.450 | — | — | — | — |
| -0.70 | 1.855 | 0.800 | 0.626 | 0.558 | 0.486 | — | — | — | — |
| -0.60 | 3.291 | 1.000 | 0.724 | 0.638 | 0.559 | 0.505 | — | — | — |
| -0.50 | — | 1.264 | 0.842 | 0.722 | 0.635 | 0.551 | — | — | — |
| -0.40 | — | 1.467 | 1.000 | 0.822 | 0.718 | 0.615 | — | — | — |
| -0.30 | — | 1.609 | 1.118 | 0.913 | 0.796 | 0.697 | — | — | — |
| -0.20 | — | 1.690 | 1.153 | 1.000 | 0.889 | 0.797 | 0.404 | — | — |
| -0.10 | — | — | 1.103 | 1.037 | 0.955 | 0.890 | 0.767 | — | — |
| 0.00 | — | — | 1.000 | 1.000 | 1.000 | 1.000 | 1.000 | — | — |
| 0.10 | — | — | 0.767 | 0.890 | 0.955 | 1.037 | 1.103 | — | — |
| 0.20 | — | — | 0.404 | 0.797 | 0.889 | 1.000 | 1.153 | 1.690 | — |
| 0.30 | — | — | — | 0.697 | 0.796 | 0.913 | 1.118 | 1.609 | — |
| 0.40 | — | — | — | 0.615 | 0.718 | 0.822 | 1.000 | 1.467 | — |
| 0.50 | — | — | — | 0.551 | 0.635 | 0.722 | 0.842 | 1.264 | — |
| 0.60 | — | — | — | 0.505 | 0.559 | 0.638 | 0.724 | 1.000 | 3.291 |
| 0.70 | — | — | — | — | 0.486 | 0.558 | 0.626 | 0.800 | 1.855 |
| 0.80 | — | — | — | — | 0.450 | 0.487 | 0.538 | 0.636 | 1.000 |
| 0.90 | — | — | — | — | 0.381 | 0.412 | 0.456 | 0.534 | 0.726 |
| 0.95 | — | — | — | — | 0.491 | 0.422 | 0.381 | 0.349 | 0.643 |
| 1.00 | — | — | — | — | 0.332 | 0.357 | 0.395 | 0.446 | 0.540 |

＊太線枠内は Bad pair（Equal pair 含む），$\alpha(\alpha-2\beta)>0$
$\lambda<1$（Bad pair）のとき，$F_\sigma<1$。$\lambda=1$（Equal pair）のとき，$F_\sigma=1$。
$\lambda>1$（Good pair）のとき，$F_\sigma>1$。

が（応力）×（長さ）$^{1-\lambda}$ の複雑な次元を有しており，$K_\sigma$（ISSF）を直接表現することが難しいためである。よって，次式のように，無次元化する。

$$F_\sigma = \frac{K_\sigma}{\sigma_0(2W)^{1-\lambda}} = \frac{\lim_{r\to 0}\left[r^{1-\lambda}\sigma_{\theta|\theta=\pi/2}(r)\right]}{\sigma_0(2W)^{1-\lambda}} \tag{3.10}$$

接着剤による接合端部の応力分布は，有限要素法では直接求めることができないが，寸法の異なる接着接合板の特異応力場の強さ ISSF の比ならば有限要

## 3.3 引張りを受ける接着接合板の特異応力場の強さ

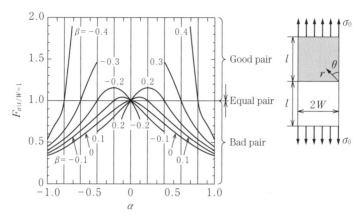

図3.15 異材接合板における特異応力場の強さ ISSF の無次元値 $F_\sigma = K_\sigma/(\sigma_0 W^{1-\lambda})$ と $\alpha$, $\beta$ の関係

素法で求めることができるので,どちらかの応力分布が既知であれば,求めたい問題の応力分布について知ることができる。既知の問題を**基準問題**とみなし,知りたい問題を**未知問題**と呼ぶことにすると,未知問題である**接着接合板**の応力分布を知るためには,図3.15に示した**基準問題**の解を用いればよい。**図3.16**に $t/W=0.001$ と $t/W=0.1$ の場合の $F_\sigma/F_{\sigma|t/W=1}$ の値を,$\alpha$ と $\beta$ を変化させて示す。また,**表3.5**に数値で示す。表3.5より $t/W=0.001$ のときの $F_\sigma/F_{\sigma|t/W=1}$ の値は $0.025 \sim 2.857$ と,広い範囲に分布し,$t/W=0.1$ のときは $0.185 \sim 1.498$ と,狭い範囲に分布しており,接着剤が薄いほど $\alpha$ と $\beta$ による応力拡大係数の変化幅が大きくなる。

以上述べてきたことに基づき,**接着接合板** $(\alpha,\beta) = (\alpha_0, \beta_0)$, $t/W=0.001$ における $F_\sigma$ を求める。まず,表3.4(図3.15)を用いて,異材の組合せにより決まる $(\alpha_0, \beta_0)$ に相当する**基準問題**の解 $F_{\sigma|t/W=1}$ の値を求める。つぎに,比 $F_{\sigma|t/W=0.001}/F_{\sigma|t/W=1}$ を整理した図3.16(a)にて $(\alpha_0, \beta_0)$ に相当する比の値を求める。$F_{\sigma|t/W=1}$(基準問題)および比 $F_{\sigma|t/W=0.001}/F_{\sigma|t/W=1}$ が求まれば $F_{\sigma|t/W=0.001}$ が決まる(**図3.17**(a))。

124 3. 接着接合部に生じる応力集中と接合強度の評価法

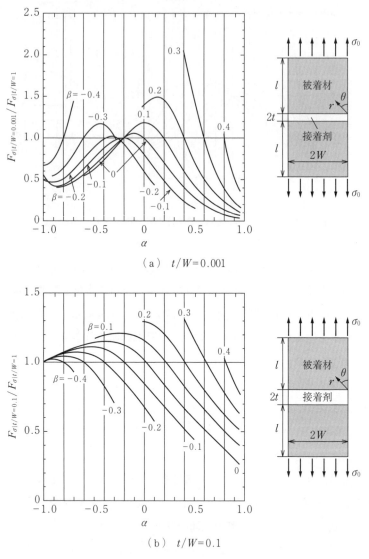

（a）$t/W=0.001$

（b）$t/W=0.1$

**図 3.16** 特異応力場の強さ ISSF の比 $F_\sigma/F_{\sigma|t/W=1}$ の値と $\alpha$, $\beta$ の関係

3.3 引張りを受ける接着接合板の特異応力場の強さ 125

**表 3.5** $\alpha$ と $\beta$ を変化させたときの特異応力場の強さ ISSF の比 $F_\sigma/F_{\sigma|t/W=1}$ の値

(a) $F_{\sigma|t/W=0.001}/F_{\sigma|t/W=1}$ $(t/W=0.001)$

| $\alpha$ \ $\beta$ | -0.4 | -0.3 | -0.2 | -0.1 | 0 | 0.1 | 0.2 | 0.3 | 0.4 |
|---|---|---|---|---|---|---|---|---|---|
| -1.0 | 0.682 | 0.566 | 0.517 | 0.552 | 0.400 | — | — | — | — |
| -0.95 | 0.686 4 | 0.555 4 | 0.495 7 | 0.462 9 | 0.400 | — | — | — | — |
| -0.9 | 0.742 0 | 0.553 3 | 0.472 2 | 0.425 2 | 0.400 4 | — | — | — | — |
| -0.8 | 1.000 0 | 0.653 5 | 0.525 4 | 0.458 7 | 0.419 0 | — | — | — | — |
| -0.7 | 1.446 5 | 0.813 0 | 0.628 9 | 0.535 6 | 0.481 2 | — | — | — | — |
| -0.6 | 2.073 | 1.000 0 | 0.757 9 | 0.639 0 | 0.569 0 | 0.550 | — | — | — |
| -0.5 | — | 1.150 9 | 0.895 2 | 0.758 7 | 0.676 9 | 0.629 7 | — | — | — |
| -0.4 | — | 1.161 3 | 1.000 0 | 0.879 4 | 0.798 8 | 0.753 0 | — | — | — |
| -0.3 | — | 1.016 5 | 1.023 2 | 0.972 5 | 0.920 5 | 0.892 4 | — | — | — |
| -0.2 | — | 0.750 | 0.934 6 | 1.000 0 | 1.016 9 | 1.020 3 | 1.100 | — | — |
| -0.1 | — | — | 0.771 6 | 0.937 2 | 1.052 6 | 1.137 4 | 1.280 | — | — |
| 0 | — | — | 0.591 2 | 0.799 4 | 1.000 0 | 1.192 5 | 1.392 5 | — | — |
| 0.1 | — | — | 0.436 3 | 0.633 1 | 0.866 5 | 1.147 3 | 1.483 7 | — | — |
| 0.2 | — | — | 0.300 | 0.476 8 | 0.693 8 | 1.000 0 | 1.460 8 | 2.524 | — |
| 0.3 | — | — | — | 0.347 7 | 0.525 3 | 0.797 4 | 1.278 6 | 2.443 | — |
| 0.4 | — | — | — | 0.247 8 | 0.383 4 | 0.596 2 | 1.000 0 | 2.031 1 | — |
| 0.5 | — | — | — | 0.172 8 | 0.272 9 | 0.428 1 | 0.722 3 | 1.510 0 | — |
| 0.6 | — | — | — | 0.150 | 0.190 4 | 0.299 6 | 0.498 4 | 1.000 0 | 2.857 |
| 0.7 | — | — | — | — | 0.129 7 | 0.205 8 | 0.335 5 | 0.632 3 | 1.825 |
| 0.8 | — | — | — | — | 0.085 2 | 0.138 8 | 0.222 4 | 0.394 2 | 1.000 0 |
| 0.9 | — | — | — | — | 0.051 1 | 0.091 3 | 0.145 6 | 0.244 8 | 0.517 3 |
| 0.95 | — | — | — | — | 0.034 8 | 0.072 5 | 0.117 2 | 0.193 0 | 0.380 6 |
| 1.0 | — | — | — | — | 0.025 | 0.050 | 0.080 | 0.110 | 0.300 |

＊太線枠内は Bad pair (Equal pair 含む), $\alpha(\alpha-2\beta)>0$

(b) $F_{\sigma|t/W=0.1}/F_{\sigma|t/W=1}$ $(t/W=0.1)$

| $\alpha$ \ $\beta$ | -0.4 | -0.3 | -0.2 | -0.1 | 0 | 0.1 | 0.2 | 0.3 | 0.4 |
|---|---|---|---|---|---|---|---|---|---|
| -1.0 | 1.000 | 1.000 | 1.000 | 1.000 | 1.000 | — | — | — | — |
| -0.95 | 1.009 9 | 1.014 3 | 1.016 4 | 1.017 7 | 1.018 | — | — | — | — |
| -0.9 | 1.014 4 | 1.026 0 | 1.031 2 | 1.034 2 | 1.036 5 | — | — | — | — |
| -0.8 | 1.000 0 | 1.039 0 | 1.054 8 | 1.063 7 | 1.069 8 | — | — | — | — |
| -0.7 | 0.927 5 | 1.033 3 | 1.068 1 | 1.087 0 | 1.099 3 | — | — | — | — |
| -0.6 | 0.764 | 1.000 0 | 1.067 1 | 1.101 8 | 1.123 9 | 1.150 | — | — | — |
| -0.5 | — | 0.929 8 | 1.046 2 | 1.104 8 | 1.141 5 | 1.168 6 | — | — | — |
| -0.4 | — | 0.822 8 | 1.000 0 | 1.091 6 | 1.149 1 | 1.191 0 | — | — | — |
| -0.3 | — | 0.694 3 | 0.926 9 | 1.057 5 | 1.142 6 | 1.205 1 | — | — | — |
| -0.2 | — | 0.552 | 0.834 5 | 1.000 0 | 1.117 5 | 1.205 1 | 1.260 | — | — |
| -0.1 | — | — | 0.736 1 | 0.921 9 | 1.069 8 | 1.189 0 | 1.280 | — | — |
| 0 | — | — | 0.643 3 | 0.832 4 | 1.000 0 | 1.150 1 | 1.286 4 | — | — |
| 0.1 | — | — | 0.557 9 | 0.741 3 | 0.914 4 | 1.085 6 | 1.258 0 | — | — |
| 0.2 | — | — | 0.513 | 0.654 8 | 0.822 9 | 1.000 0 | 1.199 4 | 1.453 | — |
| 0.3 | — | — | — | 0.574 8 | 0.733 2 | 0.903 7 | 1.109 2 | 1.409 | — |
| 0.4 | — | — | — | 0.500 7 | 0.649 2 | 0.807 1 | 1.000 0 | 1.296 2 | — |
| 0.5 | — | — | — | 0.430 7 | 0.571 5 | 0.716 0 | 0.887 9 | 1.151 8 | — |
| 0.6 | — | — | — | 0.382 | 0.499 4 | 0.632 4 | 0.782 8 | 1.000 0 | 1.498 |
| 0.7 | — | — | — | — | 0.430 9 | 0.556 1 | 0.688 2 | 0.863 5 | 1.224 |
| 0.8 | — | — | — | — | 0.362 5 | 0.485 5 | 0.604 0 | 0.746 7 | 1.000 0 |
| 0.9 | — | — | — | — | 0.285 1 | 0.418 0 | 0.529 1 | 0.647 9 | 0.824 1 |
| 0.95 | — | — | — | — | 0.232 9 | 0.383 8 | 0.494 7 | 0.604 6 | 0.754 4 |
| 1.0 | — | — | — | — | 0.185 | 0.339 | 0.463 | 0.560 | 0.697 |

＊太線枠内は Bad pair (Equal pair 含む), $\alpha(\alpha-2\beta)>0$

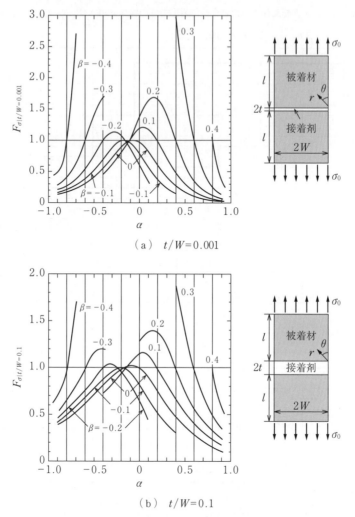

（a）$t/W=0.001$

（b）$t/W=0.1$

図 3.17　無次元化応力拡大係数 $F_\sigma$ と $\alpha$, $\beta$ との関係（$t/W=0.001, 0.1$）

## 3.3.2　接着層厚さが特異応力場の強さに与える影響

図 3.15 と図 3.16 に示した結果を実際の材料の組合せに応用する例を示す。具体的には接着層厚さが**特異応力場の強さ**に与える影響を調べるために，まず

## 3.3 引張りを受ける接着接合板の特異応力場の強さ

被着板としてステンレス SUS304 とアルミニウム合金 A7075 とシリコンと IC 基板の FR-4.5[8] を考える。また,接着剤は樹脂とする。**表 3.6** に接着剤と被着材の物性値および,それぞれの組合せの **Dundurs の複合パラメータ** $\alpha$, $\beta$ の値を平面応力と平面ひずみの両方の場合について示している。

**表 3.6** 接着剤と被着材の物性値

| 部材 | 材料 | 弾性係数〔GPa〕 | ポアソン比 | $\alpha$, $\beta$ (平面ひずみ) | $\alpha$, $\beta$ (平面応力) |
|---|---|---|---|---|---|
| 被着材 | SUS304 (ステンレス鋼) | 206 | 0.3 | 0.9721, 0.1869 | 0.9737, 0.3013 |
| | A7075 (アルミニウム合金) | 71 | 0.33 | 0.9227, 0.1763 | 0.9257, 0.2860 |
| | シリコン | 166 | 0.26 | 0.9647, 0.1844 | 0.9675, 0.2990 |
| | FR-4.5 (IC基板) | 15.34 | 0.15 | 0.6610, 0.0910 | 0.6969, 0.1986 |
| 接着剤 | 樹脂 | 2.74 | 0.38 | — | — |

**表 3.7** に $t/W$ を 0.001 〜 4 で変化させた場合における界面の無次元化応力拡大係数の比 $F_\sigma/F_{\sigma|t/W=1}$ を示す。ただし,$F_\sigma = K_\sigma/(\sigma_0(2W)^{1-\lambda})$ である。表 3.7 をグラフにしたのが **図 3.18** で,平面応力条件を使用して示した。$t/W < 1$ の範囲では $t/W$ が増加すると**無次元化応力拡大係数**の比 $F_\sigma/F_{\sigma|t/W=1}$ の値も増加し,$t/W \geqq 1$ の範囲ではどの材料の組合せでも $F_\sigma/F_{\sigma|t/W=1}$ の値は 1.0 となる。一般的に接着剤の**縦弾性係数** $E_2$ は被着材の**縦弾性係数** $E_1$ より小さく

**表 3.7** $t/W$ を変化させた場合の界面における応力拡大係数の比 $F_\sigma/F_{\sigma|t/W=1}$

| $t/W$ | SUS304 | A7075 | シリコン | FR-4.5 |
|---|---|---|---|---|
| 0.001 | 0.100 | 0.118 | 0.102 | 0.229 |
| 0.01 | 0.212 | 0.236 | 0.215 | 0.355 |
| 0.1 | 0.466 | 0.488 | 0.468 | 0.573 |
| 0.5 | 0.898 | 0.903 | 0.898 | 0.916 |
| 1 | 1.000 | 1.000 | 1.000 | 1.000 |
| 2 | 1.002 | 1.002 | 1.002 | 1.003 |
| 4 | 1.002 | 1.002 | 1.002 | 1.003 |

128    3. 接着接合部に生じる応力集中と接合強度の評価法

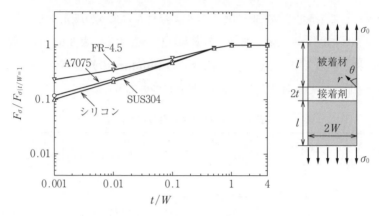

図3.18 各種の被着板を用いた接着接合板界面における特異応力場の強さの比 $F_\sigma/F_{\sigma|t/W=1}$ と $t/W$ の関係

($E_2<E_1$),接着剤の**ポアソン比** $\nu_2$ は,被着材の**ポアソン比** $\nu_1$ より大きい ($\nu_2>\nu_1$)。

この場合は,$\alpha>0$ かつ $\alpha-2\beta>0$ であるので,界面端部付近において特異応力が発生する。表3.5の値からさまざまな $t/W$ に対して $F_\sigma/F_{\sigma|t/W=1}$ を両対数グラフに整理し,$\beta=-0.2$ から $0.4$ まで変化させて,それぞれの $\beta$ において $\alpha$ をパラメータとして**図3.19**に示す。図より,$\alpha\geqq0$ かつ $\alpha-2\beta\geqq0$ のときは,すべての組合せにおいて $t/W$ が増加するにつれて,$F_\sigma/F_{\sigma|t/W=1}$ の値も増加する。$t/W\geqq1$ では $F_\sigma/F_{\sigma|t/W=1}$ が,ほぼ一定となる。界面強度を改善させるためには,接着層厚さは薄いほうが望ましい。すなわち,接着層厚さを薄くすれば特異応力場の強さが減少することが明らかとなった。また,図より $\alpha-2\beta=0$ のとき,$t/W$ によらず $F_\sigma/F_{\sigma|t/W=1}=1$ であることがわかる。

3.3 引張りを受ける接着接合板の特異応力場の強さ 129

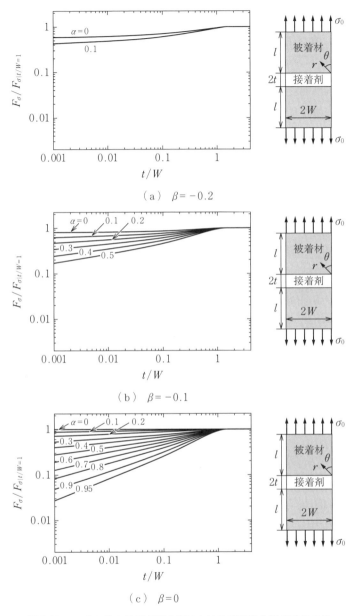

(a) $\beta = -0.2$

(b) $\beta = -0.1$

(c) $\beta = 0$

図 3.19 $\alpha$, $\beta$ の異なる接着接合板における特異応力場の強さの比 $F_\sigma / F_{\sigma|t/W=1}$ と $t/W$ の関係 ($\alpha = 0 \sim 0.95$, $\beta = -0.2 \sim 0.4$)

## 3.4 面内曲げを受ける接着接合板の特異応力場の強さ

### 3.4.1 面内曲げにおける特異応力場の強さ

図3.20に示すような接着接合板に面内曲げ荷重が作用する問題を考える。

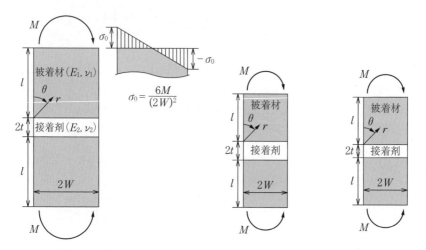

（a）接触接合板のモデル　　（b）問題1：未知問題　　（c）問題2：基準問題

**図3.20** 面内曲げを受ける接着接合板（接着剤厚さ：問題1＞問題2）

曲げの問題でも $\alpha(\alpha-2\beta)>0$ のとき，$\sigma_{ij} \propto 1/r^{1-\lambda}$，$\lambda<1$ の特異性があるため界面の応力は $\sigma_{ij}(ij=rr, \theta\theta, r\theta)$ 接合端部で無限大となる。接着剤による接合端部の**特異応力場の強さ** $K_\sigma$ は，次式で定義される。

$$K_\sigma = \lim_{r \to 0} \left\{ r^{1-\lambda} \times \sigma_{\theta|\theta=\pi/2}(r) \right\} \tag{3.11}$$

これを無次元化した特異応力場の強さを $F_\sigma$ とすれば次式で表される。

$$F_\sigma = \frac{K_\sigma}{\sigma_0 (2W)^{1-\lambda}} = \frac{\lim_{r \to 0} \left\{ r^{1-\lambda} \times \sigma_{\theta|\theta=\pi/2}(r) \right\}}{\sigma_0 (2W)^{1-\lambda}}, \quad \sigma_0 = \frac{6M}{(2W)^2} \tag{3.12}$$

ここでは，有限要素法を用いて接合界面の応力を求める。対称性を考慮して図3.20の1/2モデルを用いて解析を行う。被着材の**縦弾性係数**と**ポアソン比**

## 3.4 面内曲げを受ける接着接合板の特異応力場の強さ

を $E_1$, $\nu_1$ とし,接着剤の**縦弾性係数**と**ポアソン比**を $E_2$, $\nu_2$ とする。モデルの幅を $2W=2\,000$ とし,$l \geq 2W$ の場合は界面において同じ応力を示すことが確認されたので,$l = 2W$ とする。この条件下で接着層厚さ $t/W$ を変化させて解析を行う。まず,有限要素法を用いた**特異応力場の強さ**の計算方法を提案する。ここでは,材料の組合せ1と2が同じで接合端の角度が等しい(90°)ので,**特異応力場の強さ**の比 $K_\sigma^1/K_\sigma^2$ に注目して考えることができる。ここで,比 $K_\sigma^1/K_\sigma^2$ に注目する理由は,これまでにも述べてきたように,この比を求めるほうが $K_\sigma$ を直接求めるより解析が容易となるからである。また,添え字の1,2は図3.20(b),(c)に示すとおり異なる $t/W$ の場合であることを意味している。式(3.12)に示すように無次元化した特異応力場の強さ $F_\sigma$ は,距離 $r$,**特異性指数** $\lambda$,曲げモーメント $M$,幅 $W$,$\lim_{r \to 0} \sigma_{\theta|\theta=\pi/2}$ の極限に関連する。図3.21 の問題1と問題2では $\lambda_1 = \lambda_2$ であるから,次式に示すように特異応力場の強さの比 $K_\sigma^1/K_\sigma^2$ は,応力の比 $\lim_{r \to 0}\left(\sigma_{\theta|\theta=\pi/2}^{1,real}/\sigma_{\theta|\theta=\pi/2}^{2,real}\right)$ によってのみ決まる。以下,添字 $real$ は真の応力を意味し,添字 $FEM$ は有限要素法により求まる応力を意味する。

$$\frac{K_\sigma^1}{K_\sigma^2} = \frac{\sigma_0(2W)^{1-\lambda_1}F_\sigma^1}{\sigma_0(2W)^{1-\lambda_1}F_\sigma^2} = \frac{F_\sigma^1}{F_\sigma^2} = \lim_{r \to 0}\frac{\left\{r^{1-\lambda_1}\sigma_{\theta|\theta=\pi/2}^{1,real}(r)\right\}}{\left\{r^{1-\lambda_1}\sigma_{\theta|\theta=\pi/2}^{2,real}(r)\right\}} = \lim_{r \to 0}\frac{\sigma_{\theta|\theta=\pi/2}^{1,real}(r)}{\sigma_{\theta|\theta=\pi/2}^{2,real}(r)},$$

$$\sigma_0 = \frac{6M}{(2W)^2} \tag{3.13}$$

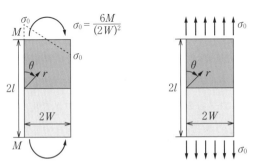

(a) 曲げ(問題1:未知問題)　(b) 引張り(問題2:基準問題)

図3.21 基準となる異材接合板

ここで，応力の比に注目するのは，応力分布そのものは$r\to0$で$\sigma\to\infty$となるので有限要素法で求め難いが，応力の比は有限となるため比較的容易に求め得るためである．引張りの場合と同様に次式の関係が成り立つかどうかを次項で検討する．

$$\lim_{r\to 0}\frac{\sigma^{1,real}_{\theta|\theta=\pi/2}}{\sigma^{2,real}_{\theta|\theta=\pi/2}}=\lim_{r\to 0}\frac{\sigma^{1,FEM}_{\theta|\theta=\pi/2}}{\sigma^{2,FEM}_{\theta|\theta=\pi/2}} \tag{3.14}$$

### 3.4.2 異材接合板の引張りと曲げの解

ここではまず，**異材接合板**の曲げにおける特異応力場の強さを任意の材料組合せに対して求める．その際，**異材接合板**の引張問題の解を基準とする．その結果，曲げの解が求まれば，今度はそれを**接着接合板**の曲げを解析するための新しい基準解とする．図3.21（b）の基準となる**異材接合板**の引張りに関しては，体積力法を用いて陳，西谷らにより解析がなされ[9]，その後さらに正確な数値が表にまとめられている[7), 10]．一方，接着接合板の面内曲げに関しては，その無次元化特異応力場の強さ$F_\sigma$が図にまとめられているものの，数値が与えられていないので基準問題として使用するのは不便である．そこで，まず図3.21（b）の基準問題を基にして図3.21（a）の$F_\sigma$の数値を有限要素法を用いて正確に求める．ここで，式（3.13）の添え字の1，2は，それぞれ接着接合板が曲げを受ける場合と，引張りを受ける場合を示すものとする．すなわち，接着接合板が引張りを受ける場合（図3.21（b）を基準解として図3.21（a）の解を求める．**表3.8**に $W=1\,000$ とするとき最小メッシュサイズが $1/3^8=1/6\,561$ と $1/3^4=1/81$ の2種類のモデルを用いて，**接着接合板**が曲げを受ける場合の応力分布と$\sigma_M^{FEM}$，引張りを受ける場合の応力分布$\sigma_T^{FEM}$を示す．

表3.8に示すようにメッシュサイズが異なると，$\sigma_M^{FEM}$，$\sigma_T^{FEM}$ともに大きく値は変化する．すなわち，$r\to 0$の応力は特異性を有するためメッシュサイズに大きく依存するので，有限要素法を用いて特異応力を表現することは容易ではない．この例からも明らかなように，$\sigma^{real}$を界面端部における真の応力，$\sigma^{FEM}$を有限要素法により求めた応力とすると，一般に$\sigma^{real}\neq\sigma^{FEM}$である．

3.4 面内曲げを受ける接着接合板の特異応力場の強さ

**表3.8** 異材接合板においてメッシュサイズを変えて得られる曲げ応力 $\sigma_M^{FEM}$ と引張応力 $\sigma_T^{FEM}$ の応力分布 ($t/W=1$, $W=1\,000$, $\sigma_0=1$)

(a) $\alpha=0.3$, $\beta=0$ (Bad pair)

| メッシュサイズ$=1/3^8$ | | | | メッシュサイズ$=1/3^4$ | | | |
| --- | --- | --- | --- | --- | --- | --- | --- |
| $r/W$ | $\sigma_M^{FEM}$ | $\sigma_T^{FEM}$ | $\dfrac{\sigma_M^{FEM}}{\sigma_T^{FEM}}$ | $r/W$ | $\sigma_M^{FEM}$ | $\sigma_T^{FEM}$ | $\dfrac{\sigma_M^{FEM}}{\sigma_T^{FEM}}$ |
| 0/6 561 000 | 2.486 | 2.692 | 0.923 | 0/81 000 | 1.889 | 2.045 | 0.924 |
| 1/6 561 000 | 2.071 | 2.242 | 0.924 | 1/81 000 | 1.573 | 1.703 | 0.924 |
| 2/6 561 000 | 2.002 | 2.167 | 0.924 | 2/81 000 | 1.521 | 1.647 | 0.923 |
| 3/6 561 000 | 1.950 | 2.111 | 0.924 | 3/81 000 | 1.482 | 1.604 | 0.924 |
| 4/6 561 000 | 1.914 | 2.072 | 0.924 | 4/81 000 | 1.454 | 1.574 | 0.924 |
| 5/6 561 000 | 1.885 | 2.041 | 0.924 | 5/81 000 | 1.432 | 1.551 | 0.923 |
| 6/6 561 000 | 1.862 | 2.016 | 0.924 | 6/81 000 | 1.415 | 1.532 | 0.924 |
| 7/6 561 000 | 1.843 | 1.995 | 0.924 | 7/81 000 | 1.400 | 1.516 | 0.923 |
| 8/6 561 000 | 1.827 | 1.978 | 0.924 | 8/81 000 | 1.388 | 1.502 | 0.924 |
| 9/6 561 000 | 1.812 | 1.962 | 0.924 | 9/81 000 | 1.377 | 1.491 | 0.924 |

(b) $\alpha=0.7$, $\beta=0.2$ (Bad pair)

| メッシュサイズ$=1/3^8$ | | | | メッシュサイズ$=1/3^4$ | | | |
| --- | --- | --- | --- | --- | --- | --- | --- |
| $r/W$ | $\sigma_M^{FEM}$ | $\sigma_T^{FEM}$ | $\dfrac{\sigma_M^{FEM}}{\sigma_T^{FEM}}$ | $r/W$ | $\sigma_M^{FEM}$ | $\sigma_T^{FEM}$ | $\dfrac{\sigma_M^{FEM}}{\sigma_T^{FEM}}$ |
| 0/6 561 000 | 8.397 | 10.117 | 0.830 | 0/81 000 | 4.352 | 5.243 | 0.830 |
| 1/6 561 000 | 5.409 | 6.517 | 0.830 | 1/81 000 | 2.803 | 3.377 | 0.830 |
| 2/6 561 000 | 5.052 | 6.087 | 0.830 | 2/81 000 | 2.618 | 3.154 | 0.830 |
| 3/6 561 000 | 4.830 | 5.818 | 0.830 | 3/81 000 | 2.503 | 3.015 | 0.830 |
| 4/6 561 000 | 4.696 | 5.658 | 0.830 | 4/81 000 | 2.434 | 2.932 | 0.830 |
| 5/6 561 000 | 4.590 | 5.531 | 0.830 | 5/81 000 | 2.379 | 2.866 | 0.830 |
| 6/6 561 000 | 4.500 | 5.422 | 0.830 | 6/81 000 | 2.332 | 2.810 | 0.830 |
| 7/6 561 000 | 4.421 | 5.327 | 0.830 | 7/81 000 | 2.291 | 2.760 | 0.830 |
| 8/6 561 000 | 4.351 | 5.242 | 0.830 | 8/81 000 | 2.225 | 2.716 | 0.830 |
| 9/6 561 000 | 4.288 | 5.166 | 0.830 | 9/81 000 | 2.222 | 2.677 | 0.830 |

$$K_\sigma = \lim_{r \to 0}\left\{r^{1-\lambda}\sigma_{\theta|\theta=\pi/2}^{real}(r)\right\} \neq \lim_{r \to 0}\left\{r^{1-\lambda}\sigma_{\theta|\theta=\pi/2}^{FEM}(r)\right\} \tag{3.15}$$

一方，表3.8に示すように応力分布の比 $\sigma_M^{FEM}/\sigma_T^{FEM}$ はメッシュサイズに依存せず，また端部からの距離 $r$ にも依存せず，ほぼ4桁一致している．このよ

うに，異なるメッシュの結果から得られる界面端部の応力の値は異なるものの，曲げと引張りの応力分布の比 $\sigma_{y,M}^{FEM}/\sigma_{y,T}^{FEM}$ の値は一定であり，次式が成立する．

$$\frac{K_{\sigma,M}}{K_{\sigma,T}} = \lim_{r \to 0} \frac{\sigma_M^{real}}{\sigma_T^{real}} = \lim_{r \to 0} \frac{\sigma_M^{FEM}}{\sigma_T^{FEM}} \tag{3.16}$$

このような方法を用いて，異材接合板が曲げを受ける場合の無次元化特異応力場の強さ $F_\sigma$ を求めた結果をまとめて**図 3.22** に示す．また，**表 3.9** にさきに求めた引張りの特異応力場の強さと，本書により求めた曲げの特異応力場の強さをすべての材料の組合せに対して示す．今後，図 3.22 と表 3.9 の異材接合板が面内曲げを受ける場合の解 $F_\sigma$ を基準解として用いることで，式 (3.16) に基づいて，接着層厚さが異なる接着接合板における曲げの問題（図 3.20）が解析できる．

### 3.4.3　無次元化応力拡大係数の比の接着層厚さによる影響

一般的な接着剤の条件（$\alpha \geqq 0$ かつ $\alpha - 2\beta \geqq 0$：**Bad pair**）について曲げを受ける場合の $F_\sigma/F_{\sigma|t/W=1}$ を**図 3.23** に示す．通常，接着剤のヤング率 $E_2$ は，被着材のヤング率 $E_1$ より小さく（$E_2<E_1$），接着剤のポアソン比 $\nu_2$ は，被着材のポアソン比 $\nu_1$ より大きい（$\nu_2>\nu_1$）．この場合，$\alpha \geqq 0$ かつ $\alpha - 2\beta \geqq 0$ であるので，界面端部付近において特異応力が発生する（**Bad pair**）．接着剤の厚さ $t/W$ に対して無次元化応力拡大係数の比 $F_\sigma/F_{\sigma|t/W=1}$ を $\beta = -0.2$ から $\beta=0.4$ までの範囲で，$\beta$ を一定として $\alpha$ を変化させて両対数グラフに整理し，図 3.23 に示す．図より **Bad pair** のときは，すべての組合せにおいて $t/W$ が増加するにつれて $F_\sigma/F_{\sigma|t/W=1}$ の値も増加する．また，$\alpha-2\beta=0$ のとき，$t/W$ によらず $F_\sigma/F_{\sigma|t/W=1}=1$ であることがわかる．このように，接着層厚さが薄くなると**特異応力場の強さ**が減少し，接着強さは増す．これは，特異応力が生じる界面上端部と界面下端部が近づくため，その干渉により生じると考えられ

## 3.4 面内曲げを受ける接着接合板の特異応力場の強さ

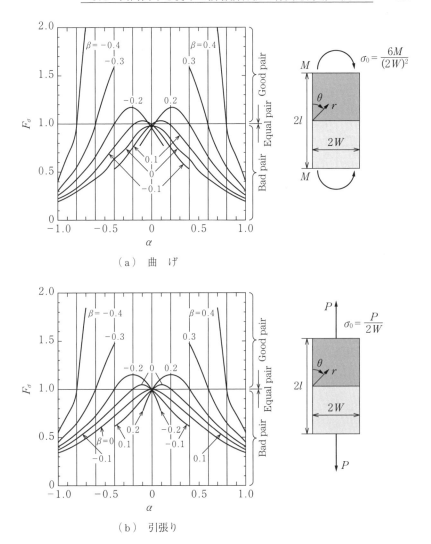

**図 3.22** 異材接合板が曲げまたは引張りを受ける場合の特異応力場の強さ ISSF の無次元値

る。よって，界面強度向上のためには，接着層厚さが薄いほうが望ましい。また，さきほど求めた引張りの場合[10]と比較すると，接着層が薄くなるにつれて $F_\sigma / F_{\sigma|t/W=1}$ の値は曲げを受ける場合のほうが小さいことが明らかとなった。

136    3. 接着接合部に生じる応力集中と接合強度の評価法

**表3.9** 引張りと曲げを受ける異材接合板における特異応力場の強さ ISSF の無次元値 $F_\sigma$ ($K_\sigma = F_\sigma \sigma_0 (2W)^{1-\lambda}$, $T$：引張り：$\sigma_0 = P/2W$, $B$：曲げ：$\sigma_0 = 6M/(2W)^2$)

| $\alpha$ | | $\beta=-0.4$ | $\beta=-0.3$ | $\beta=-0.2$ | $\beta=-0.1$ | $\beta=0$ | $\beta=0.1$ | $\beta=0.2$ | $\beta=-0.3$ | $\beta=-0.4$ |
|---|---|---|---|---|---|---|---|---|---|---|
| $-1.0$ | T | 0.540 | 0.446 | 0.395 | 0.357 | 0.332 | — | — | — | — |
| | B | 0.400 | 0.300 | 0.250 | 0.217 | 0.184 | — | — | — | — |
| $-0.9$ | T | 0.726 | 0.534 | 0.456 | 0.412 | 0.381 | — | — | — | — |
| | B | 0.667 | 0.425 | 0.333 | 0.275 | 0.233 | — | — | — | — |
| $-0.8$ | T | 1.000 | 0.636 | 0.538 | 0.487 | 0.450 | — | — | — | — |
| | B | 1.000 | 0.550 | 0.417 | 0.333 | 0.300 | — | — | — | — |
| $-0.7$ | T | 1.855 | 0.800 | 0.626 | 0.558 | 0.486 | — | — | — | — |
| | B | 2.097 | 0.742 | 0.533 | 0.417 | 0.358 | — | — | — | — |
| $-0.6$ | T | 3.29 | 1.000 | 0.724 | 0.638 | 0.559 | 0.505 | — | — | — |
| | B | 3.96 | 1.000 | 0.667 | 0.517 | 0.433 | 0.373 | — | — | — |
| $-0.5$ | T | — | 1.264 | 0.842 | 0.722 | 0.635 | 0.551 | — | — | — |
| | B | — | 1.334 | 0.833 | 0.633 | 0.508 | 0.449 | — | — | — |
| $-0.4$ | T | — | 1.467 | 1.000 | 0.822 | 0.718 | 0.615 | — | — | — |
| | B | — | 1.595 | 1.000 | 0.767 | 0.633 | 0.533 | — | — | — |
| $-0.3$ | T | — | 1.61 | 1.118 | 0.913 | 0.796 | 0.697 | — | — | — |
| | B | — | 1.70 | 1.141 | 0.883 | 0.717 | 0.633 | — | — | — |
| $-0.2$ | T | — | 1.69 | 1.153 | 1.000 | 0.889 | 0.797 | 0.404 | — | — |
| | B | — | 1.75 | 1.173 | 1.000 | 0.850 | 0.750 | 0.702 | — | — |
| $-0.1$ | T | — | — | 1.103 | 1.037 | 0.955 | 0.89 | 0.767 | — | — |
| | B | — | — | 1.089 | 1.038 | 0.950 | 0.900 | 0.800 | — | — |
| $0$ | T | — | — | 1.000 | 1.000 | 1.000 | 1.000 | 1.000 | — | — |
| | B | — | — | 1.000 | 1.000 | 1.000 | 1.000 | 1.000 | — | — |
| $0.1$ | T | — | — | 0.767 | 0.890 | 0.955 | 1.037 | 1.103 | — | — |
| | B | — | — | 0.800 | 0.900 | 0.950 | 1.038 | 1.089 | — | — |
| $0.2$ | T | — | — | 0.404 | 0.797 | 0.889 | 1.000 | 1.153 | 1.69 | — |
| | B | — | — | 0.702 | 0.750 | 0.850 | 1.000 | 1.173 | 1.75 | — |
| $0.3$ | T | — | — | — | 0.697 | 0.796 | 0.913 | 0.118 | 1.61 | — |
| | B | — | — | — | 0.633 | 0.717 | 0.883 | 0.141 | 1.70 | — |
| $0.4$ | T | — | — | — | 0.615 | 0.718 | 0.822 | 1.000 | 1.467 | — |
| | B | — | — | — | 0.533 | 0.633 | 0.767 | 1.000 | 1.595 | — |
| $0.5$ | T | — | — | — | 0.551 | 0.635 | 0.722 | 0.842 | 1.264 | — |
| | B | — | — | — | 0.449 | 0.508 | 0.633 | 0.833 | 1.334 | — |
| $0.6$ | T | — | — | — | 0.505 | 0.559 | 0.638 | 0.724 | 1.000 | 3.29 |
| | B | — | — | — | 0.373 | 0.433 | 0.517 | 0.667 | 1.000 | 3.96 |
| $0.7$ | T | — | — | — | — | 0.486 | 0.558 | 0.626 | 0.8 | 1.855 |
| | B | — | — | — | — | 0.358 | 0.417 | 0.533 | 0.742 | 2.097 |
| $0.8$ | T | — | — | — | — | 0.45 | 0.487 | 0.538 | 0.636 | 1.000 |
| | B | — | — | — | — | 0.300 | 0.333 | 0.417 | 0.550 | 1.000 |
| $0.9$ | T | — | — | — | — | 0.381 | 0.412 | 0.456 | 0.534 | 0.726 |
| | B | — | — | — | — | 0.233 | 0.275 | 0.333 | 0.425 | 0.667 |
| $1.0$ | T | — | — | — | — | 0.332 | 0.357 | 0.395 | 0.446 | 0.540 |
| | B | — | — | — | — | 0.184 | 0.217 | 0.250 | 0.300 | 0.400 |

＊太線枠内は Bad pair (Equal pair 含む), $\alpha(\alpha-2\beta)>0$
$\lambda<1$ (Bad pair) のとき，$F_\sigma<1$。$\lambda=1$ (Equal pair) のとき，$F_\sigma=1$。$\lambda>1$ (Good pair) のとき，$F_\sigma>1$

3.4 面内曲げを受ける接着接合板の特異応力場の強さ 137

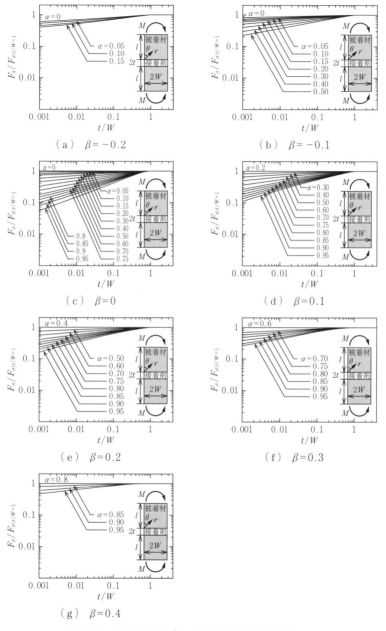

**図3.23** 曲げを受ける場合の特異応力場の強さ ISSF の相対値の比 $F_\sigma/F_{\sigma|t/W=1}$ と接着層厚さ $t/W$ の関係

### 3.4.4 引張りと曲げにおける特異応力場の強さの比較

式 (3.16) に示すように，界面端部における応力の比 $\sigma_y/\sigma_{y|t/W=1}$ を計算することによって，すべての材料の組合せの $F_\sigma$ を求めることができる．図 3.24,

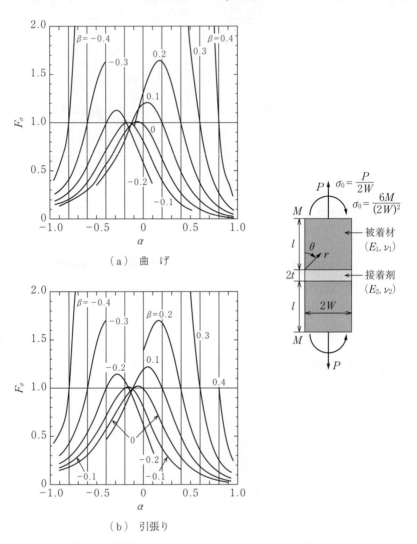

(a) 曲げ

(b) 引張り

図 3.24 接着接合板において $\alpha$ と $\beta$ を変化させたときの特異応力場の強さ ISSF の無次元値 $F_\sigma$ ($t/W=0.001$)

3.25 にそれぞれ，$t/W=0.001$，$t/W=0.1$ の場合の特異応力場の強さ $F_\sigma$ の値を，$\alpha$ と $\beta$ を変化させて示す．また，表3.10，3.11 に引張りを受ける場合と比較して数値で示す．図3.26 に示すように板に引張り（$\sigma_0 = P/2W$）と曲げ

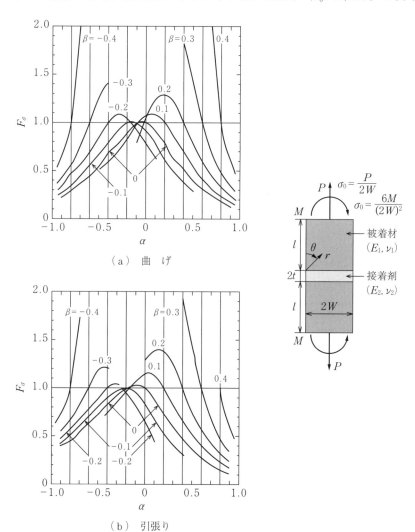

(a) 曲げ

(b) 引張り

図3.25 接着接合板において $\alpha$ と $\beta$ を変化させたときの特異応力場の強さ ISSF の無次元値 $F_\sigma$（$t/W=0.1$）

**表 3.10** 接着接合板において $\alpha$ と $\beta$ を変化させたときの曲げと引張りの場合における ISSF の無次元値 $F_\sigma$ $(t/W=0.001,\ K_\sigma = F_\sigma \sigma_0 (2W)^{1-\lambda},\ T$：引張り：$\sigma_0 = P/2W,\ B$：曲げ：$\sigma_0 = 6M/(2W)^2)$

| $\alpha$ | | $\beta=-0.4$ | $\beta=-0.3$ | $\beta=-0.2$ | $\beta=-0.1$ | $\beta=0$ | $\beta=0.1$ | $\beta=0.2$ | $\beta=-0.3$ | $\beta=-0.4$ |
|---|---|---|---|---|---|---|---|---|---|---|
| -1.0 | T | 0.368 | 0.252 | 0.204 | 0.197 | 0.133 | — | — | — | — |
|  | B | 0.302 | 0.255 | 0.197 | 0.145 | 0.130 | — | — | — | — |
| -0.9 | T | 0.539 | 0.295 | 0.215 | 0.175 | 0.153 | — | — | — | — |
|  | B | 0.555 | 0.296 | 0.211 | 0.164 | 0.135 | — | — | — | — |
| -0.8 | T | 1.000 | 0.416 | 0.283 | 0.223 | 0.189 | — | — | — | — |
|  | B | 1.000 | 0.421 | 0.279 | 0.205 | 0.176 | — | — | — | — |
| -0.7 | T | 2.683 | 0.650 | 0.394 | 0.229 | 0.234 | — | — | — | — |
|  | B | 2.602 | 0.654 | 0.401 | 0.285 | 0.230 | — | — | — | — |
| -0.6 | T | 6.82 | 1.000 | 0.549 | 0.408 | 0.318 | 0.278 | — | — | — |
|  | B | 5.36 | 1.000 | 0.567 | 0.398 | 0.312 | 0.266 | — | — | — |
| -0.5 | T | — | 1.455 | 0.754 | 0.548 | 0.430 | 0.347 | — | — | — |
|  | B | — | 1.428 | 0.786 | 0.546 | 0.413 | 0.355 | — | — | — |
| -0.4 | T | — | 1.704 | 1.000 | 0.723 | 0.574 | 0.463 | — | — | — |
|  | B | — | 1.646 | 1.000 | 0.727 | 0.576 | 0.478 | — | — | — |
| -0.3 | T | — | 1.64 | 1.144 | 0.888 | 0.733 | 0.622 | — | — | — |
|  | B | — | 1.72 | 1.127 | 0.885 | 0.716 | 0.639 | — | — | — |
| -0.2 | T | — | 1.27 | 1.078 | 1.000 | 0.904 | 0.813 | 0.444 | — | — |
|  | B | — | 1.75 | 1.048 | 1.000 | 0.899 | 0.824 | 0.503 | — | — |
| -0.1 | T | — | — | 0.851 | 0.972 | 1.005 | 1.012 | 0.982 | — | — |
|  | B | — | — | 0.817 | 0.962 | 1.011 | 1.057 | 0.941 | — | — |
| 0 | T | — | — | 0.591 | 0.799 | 1.000 | 1.193 | 1.393 | — | — |
|  | B | — | — | 0.546 | 0.787 | 1.000 | 1.177 | 1.368 | — | — |
| 0.1 | T | — | — | 0.335 | 0.563 | 0.828 | 1.190 | 1.637 | — | — |
|  | B | — | — | 0.369 | 0.588 | 0.832 | 1.178 | 1.571 | — | — |
| 0.2 | T | — | — | 0.121 | 0.380 | 0.607 | 1.000 | 1.684 | 4.27 | — |
|  | B | — | — | 0.211 | 0.386 | 0.614 | 1.000 | 1.638 | 5.25 | — |
| 0.3 | T | — | — | — | 0.242 | 0.418 | 0.728 | 1.429 | 3.93 | — |
|  | B | — | — | — | 0.249 | 0.409 | 0.726 | 1.408 | 4.00 | — |
| 0.4 | T | — | — | — | 0.152 | 0.275 | 0.490 | 1.000 | 2.980 | — |
|  | B | — | — | — | 0.158 | 0.278 | 0.494 | 1.000 | 2.875 | — |
| 0.5 | T | — | — | — | 0.095 | 0.173 | 0.309 | 0.608 | 1.909 | — |
|  | B | — | — | — | 0.098 | 0.168 | 0.309 | 0.635 | 1.872 | — |
| 0.6 | T | — | — | — | 0.076 | 0.106 | 0.191 | 0.361 | 1.000 | 9.40 |
|  | B | — | — | — | 0.069 | 0.106 | 0.188 | 0.374 | 1.000 | 10.9 |
| 0.7 | T | — | — | — | — | 0.063 | 0.115 | 0.210 | 0.506 | 3.385 |
|  | B | — | — | — | — | 0.063 | 0.111 | 0.216 | 0.510 | 3.893 |
| 0.8 | T | — | — | — | — | 0.038 | 0.068 | 0.120 | 0.251 | 1.000 |
|  | B | — | — | — | — | 0.037 | 0.064 | 0.120 | 0.257 | 1.000 |
| 0.9 | T | — | — | — | — | 0.019 | 0.038 | 0.066 | 0.131 | 0.376 |
|  | B | — | — | — | — | 0.018 | 0.037 | 0.068 | 0.135 | 0.392 |
| 1.0 | T | — | — | — | — | 0.008 | 0.018 | 0.032 | 0.049 | 0.162 |
|  | B | — | — | — | — | 0.010 | 0.020 | 0.045 | 0.088 | 0.190 |

＊太線枠内は Bad pair（Equal pair 含む），$\alpha(\alpha-2\beta)>0$

3.4 面内曲げを受ける接着接合板の特異応力場の強さ

表3.11 接着接合板において $\alpha$ と $\beta$ を変化させたときの曲げと引張りの場合における ISSF の無次元値 $F_\sigma$ ($t/W=0.1$, $K_\sigma = F_\sigma \sigma_0 (2W)^{1-\lambda}$, $T$：引張り：$\sigma_0 = P/2W$, $B$：曲げ：$\sigma_0 = 6M/(2W)^2$)

| $\alpha$ | | $\beta=-0.4$ | $\beta=-0.3$ | $\beta=-0.2$ | $\beta=-0.1$ | $\beta=0$ | $\beta=0.1$ | $\beta=0.2$ | $\beta=-0.3$ | $\beta=-0.4$ |
|---|---|---|---|---|---|---|---|---|---|---|
| −1.0 | T | 0.540 | 0.446 | 0.395 | 0.357 | 0.355 | — | — | — | — |
| | B | 0.412 | 0.330 | 0.274 | 0.223 | 0.179 | — | — | — | — |
| −0.9 | T | 0.736 | 0.548 | 0.470 | 0.426 | 0.395 | — | — | — | — |
| | B | 0.675 | 0.437 | 0.347 | 0.280 | 0.225 | — | — | — | — |
| −0.8 | T | 1.000 | 0.661 | 0.567 | 0.518 | 0.481 | — | — | — | — |
| | B | 1.000 | 0.567 | 0.476 | 0.351 | 0.301 | — | — | — | — |
| −0.7 | T | 1.721 | 0.827 | 0.669 | 0.607 | 0.534 | — | — | — | — |
| | B | 1.998 | 0.762 | 0.561 | 0.445 | 0.369 | — | — | — | — |
| −0.6 | T | 2.51 | 1.000 | 0.773 | 0.703 | 0.628 | 0.581 | — | — | — |
| | B | 3.33 | 1.000 | 0.700 | 0.556 | 0.458 | 0.415 | — | — | — |
| −0.5 | T | — | 1.175 | 0.881 | 0.798 | 0.725 | 0.644 | — | — | — |
| | B | — | 1.270 | 0.858 | 0.677 | 0.549 | 0.505 | — | — | — |
| −0.4 | T | — | 1.207 | 1.000 | 0.897 | 0.825 | 0.732 | — | — | — |
| | B | — | 1.404 | 1.000 | 0.871 | 0.687 | 0.601 | — | — | — |
| −0.3 | T | — | 1.12 | 1.036 | 0.965 | 0.910 | 0.840 | — | — | — |
| | B | — | 1.46 | 1.087 | 0.914 | 0.777 | 0.704 | — | — | — |
| −0.2 | T | — | 0.933 | 0.962 | 1.000 | 0.993 | 0.960 | 0.467 | — | — |
| | B | — | 1.50 | 1.057 | 1.000 | 0.900 | 0.843 | 0.520 | — | — |
| −0.1 | T | — | — | 0.812 | 0.956 | 1.022 | 1.058 | 0.982 | — | — |
| | B | — | — | 0.909 | 0.989 | 0.988 | 0.994 | 0.809 | — | — |
| 0 | T | — | — | 0.643 | 0.832 | 1.000 | 1.150 | 1.286 | — | — |
| | B | — | — | 0.721 | 0.889 | 1.000 | 1.065 | 1.124 | — | — |
| 0.1 | T | — | — | 0.428 | 0.660 | 0.873 | 1.126 | 1.388 | — | — |
| | B | — | — | 0.633 | 0.769 | 0.906 | 1.083 | 1.244 | — | — |
| 0.2 | T | — | — | 0.207 | 0.522 | 0.732 | 1.000 | 1.383 | 2.46 | — |
| | B | — | — | 0.501 | 0.599 | 0.770 | 1.000 | 1.286 | 2.40 | — |
| 0.3 | T | — | — | — | 0.401 | 0.584 | 0.825 | 1.240 | 2.267 | — |
| | B | — | — | — | 0.480 | 0.615 | 0.840 | 1.203 | 2.25 | — |
| 0.4 | T | — | — | — | 0.308 | 0.466 | 0.663 | 1.000 | 1.902 | — |
| | B | — | — | — | 0.368 | 0.514 | 0.692 | 1.000 | 1.819 | — |
| 0.5 | T | — | — | — | 0.237 | 0.363 | 0.517 | 0.748 | 1.456 | — |
| | B | — | — | — | 0.283 | 0.388 | 0.539 | 0.789 | 1.424 | — |
| 0.6 | T | — | — | — | 0.193 | 0.279 | 0.403 | 0.567 | 1.000 | 4.93 |
| | B | — | — | — | 0.212 | 0.311 | 0.412 | 0.594 | 1.000 | 4.21 |
| 0.7 | T | — | — | — | — | 0.209 | 0.310 | 0.431 | 0.691 | 2.271 |
| | B | — | — | — | — | 0.240 | 0.312 | 0.447 | 0.694 | 2.302 |
| 0.8 | T | — | — | — | — | 0.163 | 0.236 | 0.325 | 0.475 | 1.000 |
| | B | — | — | — | — | 0.182 | 0.231 | 0.328 | 0.483 | 1.000 |
| 0.9 | T | — | — | — | — | 0.109 | 0.172 | 0.241 | 0.346 | 0.598 |
| | B | — | — | — | — | 0.124 | 0.187 | 0.241 | 0.347 | 0.614 |
| 1.0 | T | — | — | — | — | 0.061 | 0.121 | 0.183 | 0.250 | 0.376 |
| | B | — | — | — | — | 0.081 | 0.128 | 0.170 | 0.245 | 0.335 |

＊太線枠内は Bad pair（Equal pair 含む），$\alpha(\alpha-2\beta)>0$

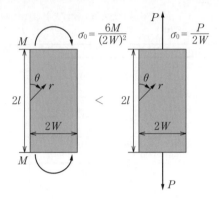

(a) 単一材料

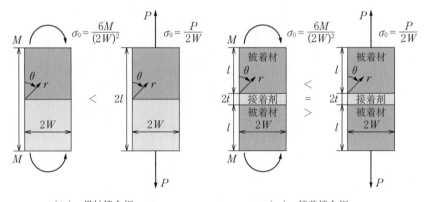

(b) 異材接合板　　　　　　　　(c) 接着接合板

**図 3.26** 各材料構成からなる平板が引張りと面内曲げを受ける場合の破壊リスクの比較

($\sigma_0=6M/(2W)^2$) が作用するとき，最大応力が等しい場合，一般に引張りを受けるほうが曲げを受ける場合より負荷的に厳しいと考えられる。これは最大応力が同じでも，曲げの場合にはその最大応力が 1 点でのみ生じるためである。接合板（$t/W=1$）の場合でも，表 3.9 に示すように，特異性を示す範囲（$\alpha>0$ かつ $\alpha-2\beta>0$）では，一部例外を除き引張りの $F_\sigma$ が曲げの $F_\sigma$ より大きい。一方，表 3.10，図 3.24 に示すように $t/W=0.001$ の場合には，特異性を示す範囲にもかかわらず，引張りのほうが大きい場合と曲げのほうが大きい

場合の両者が混在することがわかった。これは曲げを受ける場合には界面上端部と界面下端部の干渉が引張りの場合より小さいためと考えられる。表3.11, 図3.25に示すように$t/W=0.1$の場合には，$t/W=1$と$t/W=0.001$の中間の傾向を示している。したがって，図3.26（c）の場合には，つねに引張りのほうが大きい特異応力場の強さを示すとは限らない。

## 3.5 接着強度の簡便な評価方法

前章までは，接着接合板に関する特異応力場の求め方について説明してきたが，ここからは**特異応力場の強さ**の解を利用して実体試験片に関する接着強度の評価を行う問題について解説する。接着接合状態にある異種材料界面に生じるはく離は，工業や医療などさまざまな分野における基本的な課題である[11]~[16]。例えばICパッケージは機械的および熱負荷によってはく離することなどが報告されている[17]~[20]。ICチップを基盤に接着接合し，リードとともに樹脂で封鎖することから，一つのICパッケージに力学的特性の異なる界面を数多く有しており，それらの接着強度評価や品質保証は，技術的，経済的にも負担が大きい。このように接着接合は有用な技術ではあるが，界面接着強度の評価には問題が残されており，より合理的で簡便な方法が求められている。一方，接着強度については，これまで数多くの研究がなされてきた。特に，接着層の厚さと接着強度との関係は過去の研究[12]~[16]により，接着層厚さが薄いほど接着強度は増大することが示されており，本書でも解説してきた。その理由の一つに接着強度を増加させようとして多量の接着剤を用いて厚い接着層を形成して接着させても，多くの接着剤を用いるため接着層内に多くの欠陥が形成される可能性を伴うためとの説明がなされている[21]。しかし，気泡などの欠陥が接着層の中につねに存在しているという立場からすると，接着層厚さが極端に薄くなるとこれらの影響がより顕著になるために強度が低下する場合もある[22],[23]。さらに，接着剤の内部ひずみが影響するとの考えもあり[22],[24],[25]，これらの研究では主として実験を中心に考察されている。鈴木は，**図3.27**

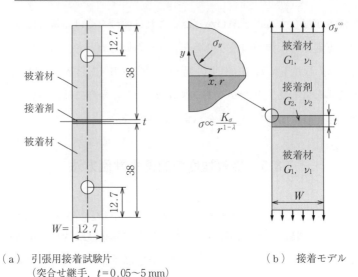

(a) 引張用接着試験片　　　　　　　　　　　　(b) 接着モデル
（突合せ継手，$t=0.05\sim 5$ mm）

図3.27　接着試験片と接着モデル

（a）のような試験片について実験と弾塑性解析を行い，接着層自由端に境界厚さ$\delta=0.034$ mm を仮定することで接着強度が説明できることを報告[1]しており，試験片の作成にあたり欠陥やひずみが生じ難いように工夫している。ここで対象にした試験片には，鈴木の実験結果を用いているので，欠陥やひずみは無視して考察する。最近，著者らは接着接合板における接着層厚さが接着境界面端部に生じる特異応力の強さに与える影響につき考察した（図（b））。そして，接着層厚さが薄くなると特異応力場の強さが小さくなる（接着強度が大きくなる）ことを明らかにしてきた[5],[24]。そこで，接着接合板が破壊に至る際の特異応力場の強さ $K_\sigma$ に注目し，過去の研究結果[1]が $K_\sigma =$ 一定として整理できることを検証する。

### 3.5.1　接着強度評価への特異応力場の強さ ISSF の限界値 $K_{\sigma c}$ の導入（突合せ継手の場合）

図3.27に本章で対象とする突合せ継手（図（a）），およびこれを解析するためのモデル（図（b））を示す。ここでは，鈴木の実験[1]で用いられた被着

材（炭素鋼 S35C）と 2 種類の接着剤（エポキシ系接着剤 A, B）を材料に用いる。この実験では，欠陥が生じにくいように工夫されており，接着剤は真空脱泡されていて硬化条件も室温で 50 〜 60 日かけて養生された。したがって，ここでの解析では無欠陥材として取り扱う。

ところで，エポキシ系接着剤の弾性係数は，エポキシ系接着剤に混ぜるフィラーの内容（粒形，粒径，材質，分散剤の有無など）や硬化条件によって変化し，エポキシ系接着剤 A，B の違いもこれらによるものと考えられる。ここでは，簡便に評価する観点からフィラーを含むエポキシ系接着剤全体を一体とみた見かけの弾性定数に注目する。表 3.12 にその材料の物性値，Dundurs による複合材料パラメータ $\alpha$ および $\beta$ を示す。図 3.27（a）の接着モデルの接着層厚さ $h$ を変化させて引張る場合のモデル（図 3.27（b））において，はく離が生じる引張応力 $\sigma_y^\infty$ の値を $\sigma_C$ として表 3.13 に示す[1]。

表 3.12 接着剤と被着材の材料特性

| 材料 | | 弾性係数 $E$ 〔GPa〕 | ポアソン比 $\nu$ | 複合材料パラメータ $\alpha$ | $\beta$ | 特異性指数 $\lambda$ |
|---|---|---|---|---|---|---|
| 被着材 | 炭素鋼 S35C | 210 | 0.30 | — | — | — |
| 接着剤 | エポキシ系接着剤 A | 3.14 | 0.37 | 0.969 | 0.199 | 0.685 |
| | エポキシ系接着剤 B | 2.16 | 0.38 | 0.978 | 0.188 | 0.674 |

表 3.13 接着試験片の引張強さ $\sigma_C$ の実験結果（図 3.27（b）において）

| $t$ 〔mm〕 | $t/W$ | エポキシ系接着剤 A | | | | | | エポキシ系接着剤 B | | | |
|---|---|---|---|---|---|---|---|---|---|---|---|
| | | 引張強さ $\sigma_C$ 〔MPa〕 | | | | | 平均値±SD 〔MPa〕 | 引張強さ $\sigma_C$ 〔MPa〕 | | | 平均値±SD 〔MPa〕 |
| 0.05 | 0.003 94 | 47.7 | 50.0 | 58.4 | 63.5 | 66.5 | 57.2±7.34 | 72.8 | 77.6 | 79.9 | 76.8±2.96 |
| 0.1 | 0.007 87 | 44.3 | 49.8 | 52.0 | 57.0 | 63.5 | 53.3±6.52 | 70.2 | 71.5 | 72.6 | 71.4±0.98 |
| 0.3 | 0.023 6 | 28.6 | 30.8 | 32.5 | 34.2 | 36.5 | 32.5±2.72 | 45.5 | 50.9 | 52.6 | 49.7±3.03 |
| 0.6 | 0.047 2 | 21.9 | 24.8 | 25.2 | 28.2 | 29.6 | 25.9±2.71 | 39.6 | 40.0 | 43.9 | 41.2±1.94 |
| 1.0 | 0.078 7 | 21.5 | 21.5 | 21.9 | 23.5 | 24.4 | 22.6±1.18 | 21.1 | 26.5 | 28.4 | 25.3±3.09 |
| 2.0 | 0.157 | 14.8 | 18.1 | 18.2 | 19.9 | 20.9 | 18.4±2.08 | 18.1 | 19.7 | 21.3 | 19.7±1.31 |
| 5.0 | 0.394 | 11.4 | 11.4 | 13.6 | 15.0 | 15.6 | 13.4±1.76 | 12.4 | 12.4 | 16.0 | 13.6±1.70 |

（SD：標準偏差）

表 3.13 の実験範囲では，接着層が薄いほど接着強度が高くなるという結果になっており，接着層厚さ 5 mm から 0.05 mm へと薄くなると，接着剤 A で 4.3 倍，接着剤 B では 5.6 倍強くなる。**表 3.14** に，接着層厚さ $t/W$ に対する接着強さ，および図 3.27（b）の接着モデルにおける無次元化応力拡大係数 $F_\sigma$ の値を示す。ここで，$F_\sigma$ は接着モデルにおける材料の組合せ，寸法，形状で決まる値である。また，表 3.14 には，この $F_\sigma$ と表 3.13 の引張強さ $\sigma_C$ を用いて，次式より求めた**特異応力場の強さの限界値** $K_{\sigma c}$（平均値と標準偏差）も含めて示す。

**表 3.14** 接着層厚さの異なる突合せ接着試験片の引張強さ $\sigma_C$，および特異応力場の限界値 $K_{\sigma c}$

| $t/W$ | エポキシ系接着剤 A | | | エポキシ系接着剤 B | | |
|---|---|---|---|---|---|---|
| | $\sigma_C$ 〔MPa〕 | $F_\sigma$ | $K_{\sigma c}$ 〔MPa m$^{0.315}$〕 | $\sigma_C$ 〔MPa〕 | $F_\sigma$ | $K_{\sigma c}$ 〔MPa m$^{0.326}$〕 |
| 0.003 94 | 57.2 | 0.067 | 0.970 ± 0.125 | 76.8 | 0.062 | 1.15 ± 0.044 |
| 0.007 87 | 53.3 | 0.083 | 1.12 ± 0.137 | 71.4 | 0.077 | 1.34 ± 0.018 |
| 0.023 6 | 32.5 | 0.119 | 0.978 ± 0.082 | 49.7 | 0.112 | 1.34 ± 0.081 |
| 0.047 2 | 25.9 | 0.150 | 0.981 ± 0.102 | 41.2 | 0.142 | 1.41 ± 0.066 |
| 0.078 7 | 22.6 | 0.178 | 1.02 ± 0.053 | 25.3 | 0.171 | 1.04 ± 0.127 |
| 0.157 | 18.4 | 0.231 | 1.07 ± 0.121 | 19.7 | 0.223 | 1.06 ± 0.070 |
| 0.394 | 13.4 | 0.335 | 1.13 ± 0.149 | 13.6 | 0.331 | 1.09 ± 0.135 |
| 平均値 | — | | 1.04 ± 0.064 | — | | 1.20 ± 0.144 |

$$K_{\sigma c} = F_\sigma \sigma_C W^{1-\lambda} \tag{3.17}$$

**図 3.28** に引張強さ $\sigma_C$ と接着層厚さ $t$ の関係，**図 3.29** に特異応力場の強さ $K_{\sigma c}$ と接着層厚さ $t$ との関係を示す。白抜きの丸印は接着強度 $\sigma_C$ から求めた $K_{\sigma c}$，黒塗りの丸印はそれぞれの $t/W$ における $K_{\sigma c}$ の平均値，実線は全体の平均である。多少のばらつきはあるが，平均値は実線のまわりに分布しているのが確認できる。また，表 3.14 に示すように，接着剤 A での特異応力場の強さ $K_{\sigma c}$ は平均値，標準偏差 1.04 ± 0.064 MPa m$^{0.315}$，接着剤 B では，1.20 ± 0.144 MPa m$^{0.326}$ で，変動係数（＝標準偏差／平均値）はそれぞれ 0.062，0.120 である。これより接着強度を特異応力場の強さ＝一定で評価すると，実験結果はおよそ誤差 10 % 以内にあることがわかる。

## 3.5 接着強度の簡便な評価方法

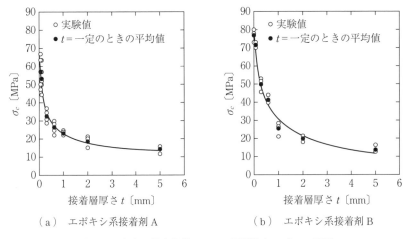

**図 3.28** 突合せ接合接着モデルの引張強さ $\sigma_c$ と $t$ の関係

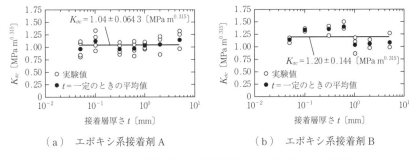

**図 3.29** 突合せ接着試験片の引張試験における $K_{\sigma c}$ と $t$ の関係

### 3.5.2 接着強度評価への特異応力場の強さ ISSF の限界値 $K_{\sigma c}$ の導入（単純重ね合わせ継手の場合）

#### （1） 単純重ね合わせ継手の引張試験結果

**単純重ね合わせ継手**に関してこれまでにも多くの実験が行われており，JIS にも規定されている[25]。しかしながら，荷重負荷による試験片の変形が考慮されていないので，その特異応力場の正確な解析は困難であることが検討により明らかとなった。そこで，荷重による変形の少ない板厚の大きな試験片を用いて行われた Park らの実験結果[26]に注目する。実験では，被着材にアルミニウ

ム合金6061-T6（縦弾性係数 $E_1=68.9$ GPa，ポアソン比 $\nu_1=0.3$），接着剤にエポキシ系接着剤（縦弾性係数 $E_2=4.2$ GPa，ポアソン比 $\nu_2=0.45$）が用いられている。図3.30に実験で用いられた試験片の形状と最大の特異応力場の強さが生じる位置を示す。試験片は，全長が225 mmで，接着層の厚さ $t_2$ が0.15 mmから0.9 mmまで，長さ $l_2$ が10 mmから50 mmまで種々に変化させたものを対象としている。表3.15に実験条件および引張試験結果を示す。接

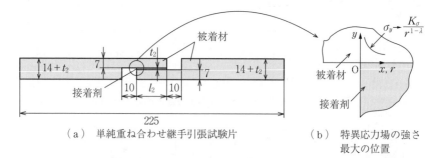

(a) 単純重ね合わせ継手引張試験片　　　(b) 特異応力場の強さ最大の位置

**図3.30** 単純重ね合わせ継手の引張試験片と最大特異応力場〔mm〕

**表3.15** 引張破断強さの試験結果[27]（図3.30参照）

| 区分 | 試験片番号 | 接着層長さ $l_2$〔mm〕 | 接着層厚さ $t_2$〔mm〕 | 引張破断荷重 $P_f$〔kN〕 | 破断時の平均せん断応力 $\tau_c$〔MPa〕 | 特異応力場の強さの限界値 $K_{\sigma c}$〔MPa·m$^{1-\lambda_1}$〕 |
|---|---|---|---|---|---|---|
| 接着層厚一定 | A10 | 10 | 0.15 | 6.87 | 27.48 | 2.07 |
| | A15 | 15 | 0.15 | 10.57 | 28.19 | 3.24 |
| | A20 | 20 | 0.15 | 12.41 | 24.82 | 3.70 |
| | A25 | 25 | 0.15 | 14.17 | 22.67 | 4.05 |
| | A30 | 30 | 0.15 | 14.56 | 19.41 | 3.95 |
| | A35 | 35 | 0.15 | 16.41 | 18.75 | 4.22 |
| | A40 | 40 | 0.15 | 18.09 | 18.09 | 4.41 |
| | A50 | 50 | 0.15 | 18.22 | 14.58 | 3.96 |
| 接着長一定 | A25-30 | 25 | 0.30 | 14.32 | 22.91 | 3.92 |
| | A25-45 | 25 | 0.45 | 14.26 | 22.82 | 3.86 |
| | A25-90 | 25 | 0.90 | 14.19 | 22.70 | 3.86 |
| 接着長一定 | A30-30 | 30 | 0.30 | 16.91 | 22.55 | 4.40 |
| | A30-45 | 30 | 0.45 | 16.12 | 21.49 | 4.13 |
| | A30-90 | 30 | 0.90 | 15.37 | 20.49 | 3.91 |

着層厚さが等しい場合について，異なる接着長さにおける破断時の平均せん断応力 $\tau_c$ を**図3.31**に示す。$l_2$ が 15 mm 以下の場合，$\tau_c$ が約 28.3 MPa で一定となるが，15 mm より長くなると $\tau_c$ は減少する傾向を示す。能野・永弘は，接着層長さが短い場合は接着層が全範囲で降伏して破壊に至ること，そして，そのような場合は $\tau_c$ が一定となる傾向を示すことを報告している[28]。図3.31 の結果で $l_2$ が 15 mm 以下では接着剤自身の破壊（凝集破壊），それ以上では界面ではく離が生じたと考える。このように接着層長さによって接着部の破壊形態が異なる。また，この実験結果からわかるように，接着層長さを 20 mm を超えて長くなり，界面端のはく離から破壊が始まる場合にも平均せん断応力 $\tau_c$ は接着層長さによって低下している。このため，平均せん断強さを破壊基準に用いることができない。

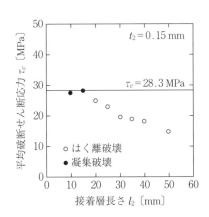

**図3.31** 接着層強さ 0.15 mm における破断時の平均せん断応力 $\tau_c$ [27), 29)]

## （2） 単純重ね合わせ継手の引張りにおける接着強度の特異応力場の強さ ISSF による評価

**図3.32** に解析モデルを示す。$l_1$ および $t_1$ は被着材の長さ，厚さ，$l_2$ および $t_2$ は接着層の長さ，厚さである。また，$E_1$，$\nu_1$ および $E_2$，$\nu_2$ はそれぞれ被着材および接着剤の弾性係数，ポアソン比である。界面端部近傍の特異応力場は

150   3. 接着接合部に生じる応力集中と接合強度の評価法

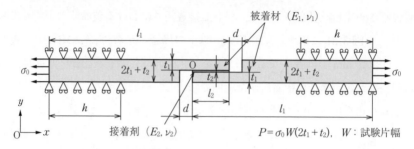

図 3.32　解析モデルと境界条件

**特異性指数** $\lambda_1$（特性方程式の解 $\lambda_1$, $\lambda_2$ のうちで，特異性の強い $\lambda_1$ を採用する）で支配され，特異応力場の強さは $K_\sigma$, $\lambda_1$ で代表することができる．以下では，これをもとにはく離破壊に対する特異応力場の強さの限界値 $K_{\sigma c}$ について議論する．ここで，$K_{\sigma c}$ は破断荷重 $P=P_f$ での特異応力場の強さ $K_{\sigma|\lambda 1, Pf}$ である．解析結果は，表 3.15 の接着層厚さ $t_2=0.15$ mm，試験片 A20 ～ A50 として示されており，**図 3.33** は，これを図示したものである．なお，$K_{\sigma c}$ の解析方法は文献 27），29），30）に詳しく説明されているので，ここでは省略する．図 3.33 で $K_{\sigma c}$ は実線の平均値に対して，多少のばらつきは見られるが，$l_2$ に関係なくほぼ一定となっている．

**図 3.34** には $l_2=25$ mm の試験片 A25 から A25-90，$l_2=30$ mm の A30 から A30-90 の $K_{\sigma c}$ を示す．丸印は $l_2=25$ mm，三角印は 30 mm の試験片に対する

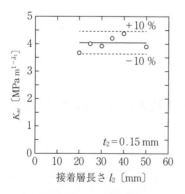

図 3.33　$t_2$ と $l_2$ の関係

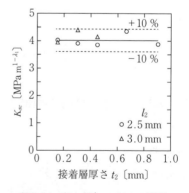

図 3.34　$K_{\sigma c}=K_\sigma|_{\lambda 1, Pf}$ と $t_2$ の関係

## 3.5 接着強度の簡便な評価方法

$K_{σc}$，実線はそれらの平均である．試験片 A30-30（$l_2=30\,{\rm mm}$，$t_2=0.3\,{\rm mm}$）に比較的大きなばらつきが見られるが，それを含めても ±10 % 程度の範囲に分布しており，**特異応力場の強さの限界値** $K_{σc}$ は $t_2$ に関係なく一定と見なせる．

図 3.35 に図 3.33 および図 3.34 に示したすべての条件における $K_{σc}$ を示す．A20 〜 A30-90 は表 3.15 に示す試験片番号である．実線は $K_{σc}$ の平均値 $K_{σc,ave}$ で，$4.03\,{\rm MPa \cdot m^{1-λ_1}}$ であった．10 % 程度のばらつきはあるものの，$K_{σc}$ は接着層長さ $l_2$ および厚さ $t_2$ に関係なくほぼ一定となっているのが確認される．

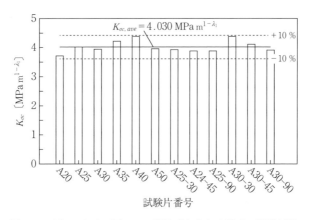

**図 3.35** 図 5.7 および図 5.8 の単純重ね合わせ継手の引張試験により得られた特異応力場の強さの限界値 $K_{σc}$

以上，**単純重ね合わせ継手**の界面端部に生じる特異応力場の強さを用いて接着強度を評価する方法について述べた．JIS 規格では，実験によって得られた破壊荷重を破壊モードの区別なく接着強度としている[27]．また，接着剤の破壊強度は試験方法によって一義的に決まるべき性質のものと考えられるが，同一試験方法でも接着層の厚みや長さなどの寸法によって異なる値が得られている．そのため，接着強度を破壊基準として評価に用いることはできない．一方，特異応力場の強さ $K_{σc}$ で表された破壊基準は破壊靭性値のように接着剤や試験片の材質・寸法で決まる固有の物性値として扱えることを明らかにした．この結果 $K_{σc}$ を用いることによって，はく離破壊の破壊力学的評価が可能となった．

# 4. 異種材料接合設計の応用と展望

　異種材料の接合物（複合材料や接着材料）は増加の一途であり，技術者が設計の機会を得ることもますます増えることは確実といえるであろう．本書で述べてきたように接合材料の設計において重要なことは，母材と強化材の特性と，複合材料の内部構造を把握することである．実際には図 4.1 に示すような破壊事例が見られる．図は内側がアルミウム，外側が CFRP の複合材料製圧力容器で円周方向に巻いた最外繊維層が，内圧増加時にアルミ層の変形に対応できず，破断したものである．いくつか報告があるものの一般的には図のように破壊状態が公表されているものは少ない．実際の異種材料の接合物設計にあたり，読者がより展望を見渡せて幅広い実例に対処できることの便を図るために，以降では応用編として設計者に知っておいていただきたい複合材料の特徴と応用例および設計に関する概説を述べることにする．

図 4.1　複合材料製圧力容器の破壊例

## 4.1　複合材料の特徴

### 4.1.1　複合材料の種類と応用

複合材料とは，金属やプラスチック，セラミックスなど 2 種類以上の材料を

組み合わせ，素材の持つそれぞれの特性を生かし単独では得られなかった機能，性能を持たせた材料をいう．これらの材料には，上記素材の繊維・微粒子を積層・混合・分散し強化したもの，板材・棒材・発泡材などを加工・変形し接着・溶接・圧延接合・接着・溶着したものなど，さまざまなものがある．複合材料には，大きく分けて金属基複合材（metal matrix composite, MMC）と繊維強化プラスチック（fiber reinforced plastics, FRP）がある．なお，本書においては，いわゆる複合材料と異種材料の接合体を取扱い，後者には製鉄所などで使用される鋼板圧延ロールのような複合構造物も含める．繊維強化材料などでは，樹脂母材に対して繊維を「強化材」と呼ぶことが多いが，ここでは異なる材料どうしを以後「異材」と呼び，主として金属材料において用いられている「介在物」はそのまま限定して用いることにする．

　金属基複合材料（MMC）とは，金属母材に他物質を介在させたもので，アルミニウムを母材として，金属酸化物（Al2O3, SiO2など）や炭化物（SiC, WC, TiCなど）を介在させて耐摩耗性，耐熱性を図った材料が自動車エンジンに使われている．また，チタンやニッケルを母材としてマグネシウムやアルミニウムを介在させたものが航空機エンジン部品に使用されている．

　その他，アルミニウム合金を母材としてセラミックスなどの無機質を強化材とする複合材料も電気機器の絶縁体に使用されている．大型複合構造物薄板や棒状素材が多い複合材料に対して，構造物そのものが異材接合で連結構成される場合も，広義には複合材ということができよう．例えば，防波堤や海洋工事に用いられるコンクリートと鋼材で構成される箱状構造物（ハイブリッドケーソン）などは鉄骨構造物とコンクリートからなる代表的な複合構造物といわれている．

　このように"複合構造物"は土木・建築工学の分野では一般化されており，同様に異種材料を連続して一つの構造体とした複合体は，ほかの分野でも多く見られる．多様な異種材料の組合せによる複合構造物が**図 4.2**のように各種の用途に用いられており，中でも圧延用複合ロールはその代表的なもので，胴部直径 $600 \sim 850$ mm，全長 10 m 前後で重量も 10 t を超えるものも多い．鋼材

154    4. 異種材料接合設計の応用と展望

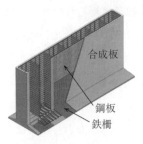

（a）ハイブリッドケーソン

鋼・コンクリート合成構造の特徴を生かして，大水深，軟弱地盤において経済性を発揮する防波堤，護岸構造物

（b）　絶縁チューブ

ステンレスとセラミックスおよび鋼，ステンレスとセラミックスを真空ろう付けで製作した半導体製造装置用チューブ（金属技研株式会社）

（c）　射出成形機用シリンダ

鉄系材料の内部に超硬質粉末をHIP処理でライニングして製作したシリンダ（金属技研株式会社）

（d）　内面金属ライニング鋼管（DML）

鋼管内面に自溶合金層を形成し，高周波誘導加熱により母材と合金被膜を拡散接合させて製作（第一高周波工業株式会社）

（e）　内面金属ライニング鋼管（DML）

スズ合金，アルミ合金，メッキ付きアルミ合金，メッキ付き銅合金軸受けなど（船舶用軸受）（大同メタル工業株式会社）

（f）　薄板圧延用ハイスロール

熱間薄板帯鋼板の圧延に使われる複合ロールで，外層はハイス鋼，内層は合金鋼で構成され，連続肉盛鋳造法により製造（株式会社日立金属若松）

図 4.2　複合構造物

の圧延に供されるロール胴部には耐摩耗性に優れたハイス材や一部の小型ロールには超硬材が用いられ，軸部には合金鋼が主として用いられるが，球状黒鉛鋳鉄も使われている。両者の接合は遠心力鋳造による溶融拡散接合や連続肉盛溶接がおもな方法であるが，一部の小型ロールには熱間等方圧加圧法（HIP）が用いられている。このような大型複合構造物において設計上重要な点は，異種接合材料間の接合を考慮に入れた材料の組合せと同時に，寸法・形状も製造設備，技術上考慮すべき重要な点である。

繊維強化プラスチック（FRP）は，プラスチックを基材に繊維で強化した複合材料であり，基材には，エポキシ樹脂，ポリエステル樹脂などが使用され，強化材には，ガラス繊維強化樹脂（glass fiber reinforced plastics, GFRP），炭素繊維強化樹脂（carbon fiber reinforced plastics, CFRP），アラミド繊維強化樹脂（aramid fiber rein forced plastics, AFRP）などがあり，軽量，高強度，高弾性，耐衝撃性の特色を生かし宇宙・航空機関係，自動車，船舶，釣竿のほか，絶縁特性から電気・電子・家電部品に，また耐候性，耐酸・耐アルカリ特性よりパラボラアンテナ，浴槽，ベランダ，床，屋根材などに使用されている。

### 4.1.2　複合材料の力学的な特徴

複合材料の力学的な特長を挙げると，①軽くて強い，②不均質，③異方性などである。

①軽くて強い：軽くて強いのは複合材料の最大の特長で，**表 4.1**には代表的な強化繊維を金属材料と比較して，また**表 4.2**にはこれらの強化繊維を用いた複合材料の強さ，弾性係数および比重量（単位体積重量）力学的性質を示す。複合材料の繊維方向の強さは通常の金属よりも大きい。複合材料と単一材料との強度についての比較には，しばしば比強度，比弾性率という言葉が使われる。比強度とは，比重量（単位体積あたりの重量）あたりの引張強さである。つまり引張強さを比重量で割った値となる。引張強さ

**表4.1**　金属材料と強化用繊維の力学的性質の比較

| | 材料 | 弾性係数〔GPa〕 | 引張強さ〔MPa〕 | 比重量〔kN/m³〕 |
|---|---|---|---|---|
| 金属 | 高張力鋼 | 210 | 1 400 | 76 |
| | 炭素鋼（S45C） | 205 | 900 | 77 |
| | アルミ合金 | 73 | 510 | 26 |
| | チタン合金 | 112 | 1 000 | 43 |
| 強化繊維 | ガラス | 75 | 2 500 | 25 |
| | カーボン | 230 | 3 000 | 17 |
| | アラミド | 130 | 2 800 | 14 |
| | ボロン | 400 | 3 000 | 25 |

表4.2 複合材料の力学的性質

| 複合材料<br>（強化材/母材） | 性質 | 引張方向 | 弾性係数<br>〔GPa〕 | 引張強さ<br>〔MPa〕 | 比重量<br>〔kN/m³〕 |
|---|---|---|---|---|---|
| ガラス/エポキシ | 一方向強化材 | 繊維方向 | 42 | 1 400 | 20 |
| | | 繊維と直角方向 | 5 | 100 | |
| | クロス強化材 | 両方向とも | 21 | 200 | |
| カーボン/エポキシ | 一方向強化材 | 繊維方向 | 140 | 1 600 | 16 |
| | | 繊維と直角方向 | 10 | 80 | |
| アラミド/エポキシ | 一方向強化材 | 繊維方向 | 70 | 1 300 | 14 |

の単位を〔N/cm²〕，比重量の単位を〔N/cm³〕で表せば，比強度の単位は〔cm〕となる．また，比弾性率とは，材料の弾性率を比重で割った値で，弾性率の単位を〔N/cm²〕，比重量の単位を〔N/cm³〕で表せば，比弾性率の単位は〔cm〕となる．比強度が大きいほど，軽いわりに強い材料であり，比弾性率の値が高ければ同じ重量でより高い弾性率が得られることになる．これは，航空機などに使用する複合材料は特に軽いことが重要な要素であるため，強さや弾性係数を比重量で割った値で性能を評価するほうが便利なためである．図4.3に比強度と比弾性率の関係を示す．

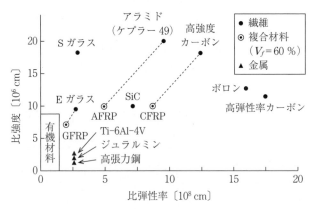

図4.3 各種材料の比強度・比弾性率（$V_f$は繊維の体積含有率）[1]

② 不均質：通常の金属やプラスチックは材料中のどの部分においても性質が同じである。これを均質体という。ところが，例えば複合材料のGFRPはガラス繊維の部分とプラスチックの部分では性質が異なる不均質体である。ガラス繊維を多く使えば強いFRPができる。また，ガラス繊維は繊維の束を糸巻きに巻き取ったロービング，織物にしたクロス，数cmの長さに切ってランダムに降り積もらせたマットなどの製品が製作可能であり，おのおので強さが変わる。すなわち，複合材は目的に合わせて強度を持たせる自由度が存在する。すなわち"設計できる"材料ともいえる。

③ 異方性：ガラス繊維を同一方向に並べて樹脂で固めたもの（一方向強化材）は繊維方向と繊維に直角方向では強さが違うことは容易に想像できる。このように方向によって性質が異なることを異方性という。木材や竹などの材料は異方性を持つ。一方，通常の金属は等方性を持っている。この異方性を利用して従来の等方性材料にはなかった設計も可能である。例えば，図4.4のようなFRP製の容器を設計する場合には，周方向に作用する力は長手方向の2倍となり，容器を等方性材料で製作した場合には，長手方向に避け目が入る可能性がある。そこで周方向の強さと長手方向の強さの比を2：1になるように設計することになる。

図4.4 FRP製タンクを車載したタンクローリー
（ダイライト株式会社製）

158    4. 異種材料接合設計の応用と展望

### 4.1.3 複合材料の歴史的展開

第2次世界大戦時に金属の供給が制限され，特に重要な戦略機材である航空機の設計に支障をきたした。英国のデ・ハビランド・エアクラフト社では，1940年代に木材やペーパーハニカムにフェノール樹脂を含浸させた材料を代用資材として機体材料設計を行い，モスキートという爆撃機を製作した。モスキートは金属製の機体に比べて性能は遜色なかった。また，フェノール樹脂のおかげで腐る心配もなく，軽量で高強度を維持することができ，副次的効果としてレーダー反射断面積が小さく，敵のレーダーに捕捉されにくいという効果もあった。また，同年代に米国においても1940年代初頭にガラス繊維を不飽和ポリエステル樹脂で固める技術が開発され，のちにこれはGFRPと呼ばれるようになり，1940年は近代的な意味での複合材料の幕開けの年であった。現在では，その優れた特性を生かした用途として航空機以外にもレジャーボート，テニスラケット，釣竿，風力発電のブレードなどに使用されている。図4.5，図4.6は炭素繊維の需要の拡大や推移の状況を示すものである。また，図4.7は航空機において炭素繊維強化プラスチック（CFRP）が使われている

図4.5　炭素繊維の需要拡大（千トン/年）
　　　（出典：内閣府科学技術政策ホームページ)[2]

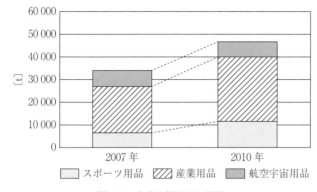

図 4.6　炭素繊維需要の推移

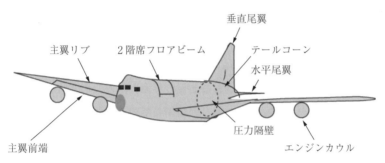

図 4.7　A380 などの大型旅客機において炭素繊維強化プラスチックが採用されている例

例である。圧力隔壁など安全上の主要な部分に使われていることがわかる。

## 4.2　今後の設計と複合材料

　前述のように，異種材料の接合設計には十分な注意が必要である。異材が接合されるときには，① 変形条件を代表する力の流れと，② 破損に至る条件（破損クライテリア）の二つが明らかにされる必要がある。この二つが基本情報であり，**図 4.8** は，この二つの情報の関連を示したものである。異種材料の接合設計において関連する多くの因子をいかに処理していくかの基本となるべき概念を"界面の力学"と呼ぶ場合がある。界面の力学は，不均質で異方性の

# 4. 異種材料接合設計の応用と展望

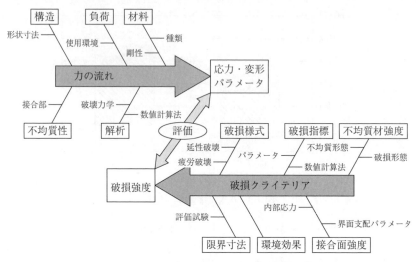

**図 4.8** 構造・製品設計の基本情報の関連図[3]

ある複合材料や異材どうしの接合材など接合界面近傍の変形と強度を取扱うもので，多くの知識の集合あるいは複合の結果して取り扱われる。

**図 4.9** は"不均質の力学"を基礎とした界面の力学を支える要素技術について説明したものである。設計に関する資料は実務上強く望まれるところではあるが，複合材料の持つ性質により難解なイメージがあったり，指針とすべき便覧が見当たらないのも事実である。

## 4.2 今後の設計と複合材料

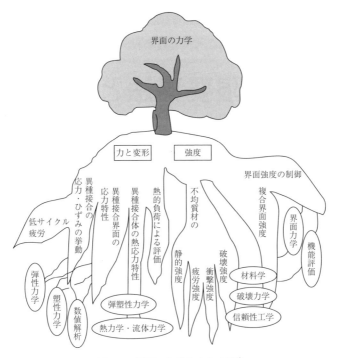

**図 4.9** 界面の力学を支える眼[3]

# 付録　有限要素法と体積力法

## A.1　有限要素法

有限要素法（finite element method, FEM）は，"物体を仮想的に有限の大きさの**要素**（有限要素）に分割して，物体を**要素の集合体**として解析する方法"である。構造物は有限個の**節点**で結合された構造要素（三角形要素や四角形要素など）の集合体と考えることができる。したがって，個々の要素に対する荷重と変位の関係がわかっていれば，構造全体の特性を導き，その挙動を解析できる。例えば，**付図1**では解きたい問題を，三角形平板要素に分割し，要素間では三角形の節点（角部）から力が伝達するモデルに置き換えている。

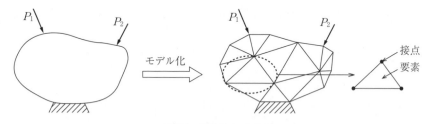

付図1　構造物とモデル

### A.1.1　各要素と構造全体のバネ定数（各要素と構造全体の剛性マトリックス）

個々の要素に対する荷重と変位の関係を考える際に重要となるのが**剛性マトリックス**である[1]。有限要素法では各要素の挙動は一種のバネの挙動として理

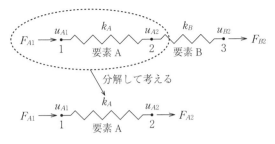

**付図 2** バネ要素と剛性マトリックス

解できるので，まずバネを用いた要素について考えてみる（**付図 2**）。

通常のバネの場合，荷重と変位の間には，次の関係式（フックの法則）が成り立つ。

$$F = ku \quad (F：外力，k：バネ定数，u：伸び) \tag{A.1}$$

付図 2 では要素 A と要素 B を組み合わせた全体バネ構造を考えている。全体の構造特性が不明でも，各要素については，荷重と変位の関係式（**剛性マトリックス**）が与えられる。これらの要素 A および要素 B の関係式（**要素 A，B の剛性マトリックス**）を重ね合わせることで，構造物全体の関係式（**構造物全体の剛性マトリックス**）が求まる。この全体の関係式に**境界条件**（荷重や変位の条件）を与えることで解（反力，変位）を得ることができる。

### A.1.2 三角形平板要素の剛性マトリックス

実際の構造物を要素に分割する場合，**三角形要素**（付図 1）や**四角形要素**を用いて構造物全体をモデル化する。実際の構造物では，応力やひずみは複雑に変化するが，各要素を十分に小さく分割すれば，各要素の応力とひずみは，ほぼ一定になると考えられる。1 次元の問題（バネの問題）と同様に，三角形の各要素は一種のバネとみなしうる（**付図 3 参照**）。1 次元のバネの挙動は式 (A.1) で表されるが，三角形の節点は 3 箇所あり，それぞれの節点での $x$, $y$ 方向の荷重と変位の関係を式 (A.1) のように表現する必要があるので，三角形要素のバネ定数は 6×6 のマトリックスで表される．これを三角形平板要素

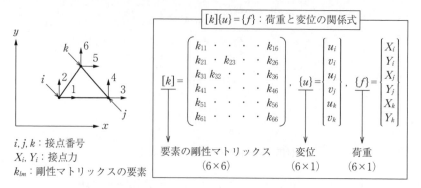

付図3 三角形平板要素と剛性マトリックス

の剛性マトリックスと呼ぶ。

6×6の剛性マトリックスを構成する$k_{23}$の意味を**付図4**に示す。ここで、第1添字2は生じる反力の位置と方向を表す。また、第2添字3は変位を与える位置と方向を示す。番号1～6の位置と方向は付図4に示されている。すなわち$k_{23}$は、他のすべての節点を固定し点$j$に$x$方向変位$u_j=1$（添字3）を与えたときの、点$i$に生じる$y$方向反力（添字2）である。同様に$k_{32}$は他のすべての節点を固定し、点$i$に$y$方向変位$v_i=1$（添字2）を与えたときの点$j$に生じる$x$方向反力（添字3）である。

付図3の$k_{lm}$（$l$, $m=1～6$）を決め、各要素の剛性マトリックスを取り込んだ全体の剛性マトリックスを求めることでバネの問題のように解析ができる

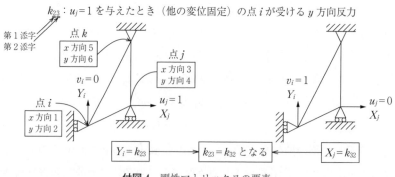

付図4 剛性マトリックスの要素

（また，$k_{lm}=k_{ml}$という関係がある）。$k_{lm}$の大きさに関係する因子は次のような量である。

・材料の種類 ($E, \nu$)
・板厚 $t$
・三角形の大きさ（接点の座標：$(x_i, y_i)$, $(x_j, y_j)$, $(x_k, y_k)$）

$k_{lm}$を求めるには一般的に要素内の応力またはひずみの変化の仕方に仮定を置くことが多い。各要素内で応力，ひずみが一定となるような仮定を置き，要素の剛性マトリックスを求めた場合を考えると，例えば，剛性マトリックスの要素$k_{23}$は次のようになる。

$$k_{23}=\frac{t_0 E}{4\Delta(1-\nu^2)}\left\{\nu(x_k-x_j)\cdot(y_k-y_i)+\frac{1-\nu}{2}(y_j-y_k)\cdot(x_i-x_k)\right\} \quad (A.2)$$

（$\Delta$は三角形面積）

複数個の三角形平板要素の剛性マトリックス（構造物全体の剛性マトリックス）を求めるためには，それぞれの要素に対して関係式を考え，それらを境界条件に考慮して一つのマトリックスに取り込めばよい。荷重は要素から要素へ伝わるのではなく，接点から接点へ伝わると考える。

要素内で応力やひずみに対して仮定を置くため，構造物をモデル化する際は要素を十分に細かく分割することが重要となる。どの程度細かく分割するかは対象とする問題等で変わってくる。

ここでは，有限要素法について構造解析を例に挙げて説明したが，電磁場解析や流体解析，熱伝導解析など幅広い分野で応用されている。

## A.2 体 積 力 法

これまでの解説で，しばしば"体積力法"という用語が登場したが，初めて目にする読者のために以下簡単に体積力法について説明する[2]。体積力法では無限板の一点に集中力が作用する場合の応力場を基礎式とする。例えば，無限板中に想定した穴や切欠きなど境界条件を満足させるべき仮想境界上に体積力

（連続的に作用させる集中力）を分布させ，その体積力の密度を調節することによって境界条件を満たす応力などを求めるものである。

具体的な例として，**付図5**に示すように遠方で等二軸引張りを受ける無限板に円孔が存在する場合を考える。ここで等二軸引張りとは$x$方向と$y$方向に作用する応力の大きさが等しいことをいう。

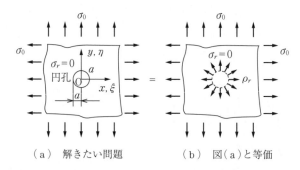

(a) 解きたい問題　　　(b) 図(a)と等価

**付図5**　等二軸引張りを受ける無限板

遠方における応力は

$$\sigma_x^\infty = \sigma_y^\infty = \sigma_0, \quad \tau_{xy}^\infty = 0$$

であるので，応力の変換公式より，$\theta$を$x$軸と$\xi$軸のなす角とすれば

$$\begin{aligned}\sigma_\xi^\infty &= \sigma_x^\infty \cos^2\theta + \sigma_y^\infty \sin^2\theta + 2\tau_{xy}^\infty \sin\theta\cos\theta \\ &= \sigma_0(\cos^2\theta + \sin^2\theta) = \sigma_0\end{aligned} \quad (A.3)$$

$$\begin{aligned}\sigma_\eta^\infty &= \sigma_x^\infty \sin^2\theta + \sigma_y^\infty \cos^2\theta - 2\tau_{xy}^\infty \sin\theta\cos\theta \\ &= \sigma_0(\cos^2\theta + \sin^2\theta) = \sigma_0\end{aligned} \quad (A.4)$$

$$\begin{aligned}\tau_{\xi\eta}^\infty &= (-\sigma_x^\infty + \sigma_y^\infty)\sin\theta\cos\theta + \tau_{xy}^\infty(\cos^2\theta - \sin^2\theta) \\ &= 0\end{aligned} \quad (A.5)$$

ここで，$\sigma_\xi^\infty$，$\sigma_\eta^\infty$，$\tau_{\xi\eta}^\infty$は$(x, y)$座標を$\theta$傾けた$(\xi, \eta)$座標における応力成分である。すなわち，等二軸引張りでは遠方において任意方向の垂直応力$\sigma_\xi = \sigma_0$となる。したがって，**付図6**に示すように無限板の$r\to\infty$における半径方向の引張問題と等しくなる。

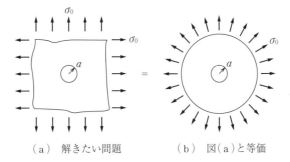

**付図 6** 等二軸引張りにおける円孔縁の応力問題において，$\sigma_x^\infty = \sigma_y^\infty$ と $\sigma_r^\infty = \sigma_\theta^\infty$ とは等しい（$=\sigma_0$）

このような軸対称問題の一般解は次式で表される．

$$\sigma_r = c_1 + \frac{c_2}{r^2} \tag{A.6}$$

$$\sigma_\theta = c_1 + \frac{c_2}{r^2} \tag{A.7}$$

この式で，$r=a$ で $\sigma_r=0$，$r\to\infty$ で $\sigma_r\to\sigma_0$ を代入して解を求めると

$$\sigma_r = \left(1 - \frac{a^2}{r^2}\right)\sigma_0 \tag{A.8}$$

$$\sigma_\theta = \left(1 - \frac{a^2}{r^2}\right)\sigma_0 \tag{A.9}$$

となる．これより $r=a$ で $\sigma_r=0$，$\sigma_\theta=2\sigma_0$ が得られる．

付図 5（a）が軸対称問題であることを理解すれば，その境界条件 $r=a$ で $\sigma_r=0$ を満足させるため，付図 5（b）に示すような軸対称体積力密度 $\rho_r$ を分布させ，$\rho_r$ が加わっている円の無限小外側の応力 $\sigma_r$ が 0 となる条件から $\rho_r$ の密度を決定すればよいことが理解できる．

それでは，$\rho_r$ としてどのような密度を作用させれば付図 5（a）と図（b）が等価となるのであろうか．**付図 7** に示すように（a）円孔を有する無限板を（b）体積力法（無限板に作用させる体積力）によって表現することは，図

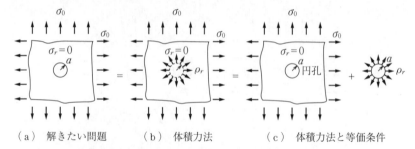

付図7 （a）円孔を有する無限板＝（b）円孔のない無限板に体積力 $\rho_r$ を作用させ $\sigma_r=0$ とする＝（b）円孔を有する無限板＋$\rho_r$ を作用させた円板[3]

（c）に示すように半径 $a$ の円板が密度 $\rho_r$ を受けて引張られた状態になっているものを円孔を有する無限板と合わせて考えることを意味する。

この状態が実現されるためには，$\sigma_r=\rho_r$ による円板の半径増加が円孔の半径増加と等しくなければならない。円孔を持つ無限板の等二軸引張りでは円孔縁で $\sigma_\theta=2\sigma_0$，$\sigma_r=0$ となることから，このときの円孔の半径の増加 $\Delta a_1$ は

$$\Delta a_1 = a\varepsilon_\theta = a\frac{1}{E}(\sigma_\theta - \nu\sigma_r) = \frac{a}{E}(2\sigma_0 - 0) = \frac{2a}{E}\sigma_0 \tag{A.10}$$

一方，半径 $a$ の円板の外周に $\sigma_r=\rho_r$ なる引張応力を加えたとき，円板内の応力はどの点でも等しく，$\sigma_r=\rho_r$，$\sigma_\theta=\rho_r$ となる（付図5（a）を参照）。したがって，$\sigma_r=\rho_r$ による円板の半径の増加 $\Delta a_2$ は

$$\Delta a_2 = a\varepsilon_\theta = a\frac{1}{E}(\sigma_\theta - \nu\sigma_r) = \frac{a}{E}\rho_r(1-\nu) \tag{A.11}$$

そこで，式（A.8）と式（A.9）から $\Delta a_1 = \Delta a_2$ となるためには

$$\rho_r = \frac{2}{1-\nu}\sigma_0 \tag{A.12}$$

であればよいことがわかる。

ここでは，付図7（a）の解きたい問題を図（b）の体積力法で取扱う場合において，境界条件を満たす体積力密度 $\rho_r$ がどのような意味があるかを図（c）のように説明した。

実際の数値計算では境界条件を満足すべき境界を分割し，分割した境界の中点で境界条件を満足させる[2]。有限要素法では，全体を分割する必要があるのに対して，体積力法では境界のみを分割すればよい。この点も解析上の長所となっている。

なお，本書では介在物の問題に関する体積力法の結果を紹介したが，その場合には付図7と同様に介在物の弾性定数と同じ弾性定数を有する無限板を考えて，そこに体積力を分布させる。その密度は界面上で母材と介在物の応力と変位が等しい条件から決めればよい。

# 引用・参考文献

**1章**

1) 野田尚昭,西谷弘信,髙瀨 康,武内健一郎:有限要素法による複合材料の縦弾性係数の複合則の検討と近似解法の提案,日本機械学会論文集(A編),**64**,622,pp.1571-1576(1998)
2) 内山幸彦,八田正俊,村上敬宣:周期的に配列された楕円形介在物を有する複合材料の弾性係数の解析,日本複合材料学会誌,**11**,6,pp.275-286(1985)
3) 石田 誠,佐藤力男:円孔や円形介在物を持つ任意形状有限体の解析と周期介在物群への応用,日本機械学会論文集(A編),**50**,457,pp.1619-1627(1984)
4) 石田 誠,井川秀信:二重周期き裂群および千鳥分布き裂群をもつ無限体の引張り,日本機械学会論文集(A編),**55**,510,pp.238-245(1989)
5) 野田尚昭,西谷弘信,髙瀨 康,和田高志:2個の介在物が周期配列をなす複合材料の縦弾性係数に及ぼす介在物の配置の影響(介在物が近付いたときの影響),材料,**49**,9,pp.976-981(2000)
6) 野田尚昭,西谷弘信,髙瀨 康,武内健一郎:ユニットセルモデルを用いた複合材料の平均的縦弾性係数,日本機械学会論文集(A編),**67**,655,pp.527-532(2001)
7) 例えば,日本複合材料学会編:複合材料ハンドブック,16,日刊工業新聞社(1989)/林 毅 編:複合材料工学,pp.27-33,日科技連出版社(1971)/福田 博,邊 吾一:複合材料の力学序説,pp.206-217,古今書院(1989)
8) 野田尚昭,陳 夢成,髙瀨 康,今橋智則:2個の長方形介在物の干渉における介在物角部の応力拡大係数の解析,材料,**48**,11,pp.1269-1274(1999)

**2章**

1) 小熊博幸,中村 考:Ti-6Al-4V合金の内部破壊における初期き裂進展領域の形成因子,材料,**60**,12,pp.1072-1078(2011)
2) 塩谷 義,松尾陽太郎,服部敏雄,川田宏之 編:最新フラクトグラフィ,p.296,テクノシステム(2010)
3) 西田正孝:応力集中,森北出版(1967)
4) 野田尚昭,松尾忠利,金子 尊:2次元,3次元の介在物の応力集中の解析とその干渉効果,九州工業大学研究報告(工学),**68**,pp.19-30(1996)
5) 松尾忠利,野田尚昭:2次元と3次元の介在物の応力集中の干渉効果の比較,材料,**49**,2,pp.143-148(2000)

6) 西谷弘信：だ円孔列を有する無限板の引張り，日本機械学会論文集，**29**，197，pp.79-83（1963）
7) 野田尚昭，松尾忠利：応力集中問題における体積力法の特異積分方程式の数値解析法 第1報 基礎の理論と境界条件の満足度の検討，日本機械学会論文集（A編），**58**，555，pp.2179-2184（1992）
8) 野田尚昭，松尾忠利：応力集中問題における体積力法の特異積分方程式の数値解析法 第2報 切欠きの干渉問題の一般的解析法，日本機械学会論文集（A編），**59**，559，pp.785-791（1993）
9) 野田尚昭，松尾忠利：応力集中問題における体積力法の特異積分方程式の数値解析法 第3報 三次元問題への応用，日本機械学会論文集（A編），**59**，564，pp.1964-1970（1993）
10) 野田尚昭，松尾忠利，藤田淳也：付加円孔による応力集中緩和の最適化，日本機械学会論文集（A編），**60**，571，pp.798-804（1994）
11) 野田尚昭，松尾忠利：特異積分方程式によるだ円形介在物の干渉効果の解析，日本機械学会論文集（A編），**60**，578，pp.2411-2417（1994）
12) 野田尚昭，松尾忠利：せん断応力場におけるだ円形介在物の干渉効果の解析 体積力法の特異積分方程式の数値解析法，日本機械学会論文集（A編），**60**，580，pp.2767-2773（1994）
13) 石田 誠，井川秀信：任意個の一列だ円孔群・き裂群をもつ板の引張り ある漸近特性と応力の計算式，日本機械学会論文集（A編），**58**，553，pp.1642-1649（1992）
14) 西谷弘信，陳 玳珩：体積力法，p.89，培風館（1987）
15) 西谷弘信：電子計算機による二次元応力問題の解法，日本機械学会誌，**70**，580，pp.627-635（1967）
16) 松尾忠利，野田尚昭，原田昭治：任意個の回転だ円体状介在物を持つ無限体の引張り，日本機械学会論文集（A編），**62**，597，pp.1226-1233（1996）
17) 野田尚昭，松尾忠利，石井秀雄：任意個の一列だ円形介在物をもつ板の引張り，日本機械学会論文集（A編），**61**，581，pp.106-113（1995）
18) 野田尚昭，林田一志，泊 賢治：任意個の回転だ円体状介在物をもつ無限体の非軸対称一軸引張りおける干渉効果，日本機械学会論文集（A編），**65**，633，pp.1032-1037（1999）
19) 野田尚昭，川島裕二，森山伸也，小田和広：任意個の一列菱形介在物の干渉効果の解析，日本機械学会論文集（A編）**62**，600，pp.1870-1876（1996）
20) 野田尚昭，小田和広，井上隆行：角部の応力拡大係数の干渉効果の解析，日本

機械学会論文集（A編）**61**，589，pp.2052-2059（1995）
21) 石田　誠，井川秀信：種々の荷重を受ける共線き裂群および平行き裂群 ある漸近特性と最大応力拡大係数の計算式，日本機械学会論文集（A編），**59**，561，pp.1262-1269（1993）
22) 陳　玳珩，西谷弘信：半無限板のV形切欠先端における特異応力場，日本機械学会論文集（A編）**57**，538，pp.1406-1411（1991）
23) 野田尚昭：設計者のためのすぐに役立つ弾性力学，pp.131-132，日刊工業新聞社（2008）

## 3章

1) Y. Suzuki：Adhesive Tensile Strengths of Scarf and Butt Joints of Steel Plates (Relation Between Adhesive Layer Thicknesses and Adhesive Strengths of Joints), JSME International Journal, **30**, 265, pp.1042-1051（1987）
2) 野田尚昭，宮崎達二郎，内木場卓巳，李　戎，佐野義一，高瀬　康：接着接合板における特異応力の強さを用いた接着強度の簡便な評価法について，エレクトロニクス実装学会誌，**17**，2，pp.134-142（2014）
3) 長谷川久夫：半円形環状みぞをもつ丸棒の引張り 第2報 ポアソン比の影響，日本機械学会論文集（A編），**48**，430，pp.853-857（1982）
4) J. Dundurs,：Discussion Edge-Bonded Dissimilar Orthogonal Elastic Wedges Under Normal and Shear Loading, Journal of Applied Mechanics, **36**, 3, pp.650-652（1969）
5) 張　玉，野田尚昭，高石謙太郎，蘭　欣：接着接合板における接着層厚さが特異応力の強さに与える影響，日本機械学会論文集（A編），**77**，774，pp.360-372（2011）
6) D. H. Chen, and H. Nisitani：Intensity of Singular Stress Field near the "Interface Edge Point of a Bonded Strip", Transactions of Japan Society of Mechanical Engineerings, A-59 (567) pp. 2682-2686（1993）
7) 野田尚昭，白尾亮司，李　俊，杉本淳典：強化繊維の引抜きにおける繊維端部の特異応力場の強さ，日本機械学会論文集（A編），**72**，721，pp.1397-1404（2006）
8) M. Nakajima, H. Koguchi,：Influence of Interlayer Thickness on the Intensity of Singular Stress Field in 3D Three-layered Joints Under an External Load, Proceedings of Asian Pacific Conference for Materials and Mechanics, a112（2009）
9) 陳　玳珩，西谷弘信：板状接合試験片における特異応力場の強さ，日本機械学会論文集（A編），**59**，567，pp.2682-2686（1993）

10) Y. Zhang, N.-A. Noda, K. Takaisi, and X. Lan, Effect of Adhesive Thickness on the Intensity of Singular Stress at the Adhesive Dissimilar Joint, Journal of Solid Mechanics and Materials Engineering, **4**, 10, pp.1467-1479（2010）
11) 結城良治，石川晴雄，岸本喜久雄，許 金泉：界面の力学，培風館（1993）
12) 日比野 靖：被着材の種類，被着面の表面処理および被膜厚さが合着用セメントの接着強さに及ぼす影響，歯科材料・器械，**9**，6，pp.786-805（1990）
13) 朝田文郷，新谷明喜，横塚繁雄：接着強さに及ぼす歯科用接着剤被膜厚さの影響，接着歯学，**8**，3，pp.201-226（1990）
14) 遠山佳之，新谷明喜，横塚繁雄：歯科用接着剤の接着強さに及ぼす放置時間，放置温度および被膜厚さの影響，接着歯学，**10**，1，pp.35-64（1992）
15) 香川文宗，山田純嗣，鈴木敏光，久光 久，和久本貞雄：レジンセメントの被膜厚さと合着力との関係について，日本歯科保存学雑誌，**33**，4，pp.926-932（1990）
16) 香川文宗，山田純嗣，鈴木敏光，久光 久，和久本貞雄：レジンセメントの被膜厚さと合着力との関係について―サーマルサイクルによる影響―，日本歯科保存学雑誌，**34**，2，pp.392-398（1991）
17) 安田雅昭：電子機器用実装材料システム，日立化成テクニカルレポート，No.40，pp.7-12（2003）
18) 澁谷忠弘：異種材料接合端部のはく離発生強度の破壊力学的評価と電子デバイスへの適用（信頼性解析技術基礎講座第1回），エレクトロニクス実装学会誌，**7**，7，pp.639-644（2004）
19) 服部敏雄，坂田荘司，初田俊雄，村上 元：応力特異場パラメータを用いた接着界面強度評価，日本機械学会論文集（A編），**54**，499，pp.597-603（1988）
20) 白鳥正樹：電子デバイス実装における接合の諸問題，日本機械学会論文集（A編），**60**，577，pp.1905-1912（1994）
21) K. Ikegami, M. Kajiyama, S. Kamiko and E. Shiratori：Experimental Studies of the Strength of an Adhesive Joint in a State of Combined Stress, The Journal of Adhesion, **10**, 1, pp.25-38（1979）
22) 大和達実，白浜升章，原 悟：塩化ゴム接着剤の膜の厚さの影響，日本ゴム協会誌，**30**，11，pp.842-847（1957）
23) 野田尚昭，張 玉，高石謙太郎，蘭 欣：任意の材料組合せに対する界面き裂の応力拡大係数（き裂の相対長さの影響），材料，**59**，12，pp.900-907（2010）
24) 張 玉，高石謙太郎，野田尚昭，蘭 欣：接着接合板における接着層厚さが特異応力場の強さに与える影響（面内曲げと引張りの比較），日本機械学会論文集

(A編),**77**,784,pp.2076-2086(2011)
25) JIS K6850：接着剤―剛性被着材の引張せん断接着強さ試験方法(1999)
26) J. H. Park, J. H. Choi and J. H. kweon：Evaluating the strengths of thick aluminum-to-aluminum joints with different adhesive lengths and thicknesses, Composite Structures **92**, 9, pp.2226-2235 (2010)
27) 宮﨑達二郎,野田尚昭,李戎,内木場卓巳,佐野義一：特異応力場の強さに基づく単純重ね合わせ継ぎ手のはく離破壊基準の検討,エレクトロニクス実装学会誌,**16**,2,pp.143-151(2013)
28) 能野謙介,永弘太郎：接着継手の予想強度と実験値の比較,日本機械学会論文集(A編)**52**,479,pp.1698-1707(1986)
29) T. Miyazaki, N.-A. Noda, R. Li, T Uchikoba and Y. Sano：Examination on a Criterion for a Debonding Fracture of Single Lap Joints from the Intensity of Singular Stress Field, Proc. 13th Int. Conf. Fract., S11-029 (2013)
30) 宮﨑達二郎,野田尚昭,内木場卓巳：はく離強度の便利で正確な評価法の提案,自動車技術会論文集,**45**,5,pp.895-901(2014)
31) 大窪和也,藤井透,八木克洋：重ね合わせ接着継手の引っ張りせん断強度と接着剤層中の残留応力,機械材料・材料加工技術講演会講演論文集,pp.215-216(2000)
32) 横山隆,中井賢治,池田知也：接着突合せ継手の引張強度に及ぼす試験片形状の影響,日本機械学会年次大会講演論文集,pp.861-862(2006)

**4章**
1) 福田博,邊吾一：複合材料の力学序説,古今書院(1989)
2) 内閣府ホームページ http://www8.cao.go.jp/cstp/siryo/haihu80/siryo4-1.pdf (2017年1月現在)
3) 豊田政男：インターフェイスメカニックス―異材接合界面の力学―,理工学社(1991)

**付録**
1) 村上敬宜：弾性力学,第9章,養賢堂(1992)
2) 西谷弘信：応力拡大係数の解析法,日本材料学会破壊力学部門委員会資料,pp.1-12(1979)
3) 野田尚昭：設計者のためのすぐに役立つ弾性力学,p.202,日刊工業新聞社(2008)

# 索　　　引

## 【い】
異材接合板　　　121, 132

## 【え】
円形介在物　　　46, 48
円孔　　　48, 58, 59, 61 〜 64, 69, 71
円柱状介在物　　　38, 39

## 【お】
応力拡大係数
　　　45, 97, 98, 101, 104, 106, 112
応力集中係数
　　　44, 48, 49, 55, 58, 63, 109
応力集中問題　　　113

## 【か】
回転だ円体状介在物
　　　38, 53, 55, 66, 72, 76, 90, 93
重ね合わせの原理　　　77
荷重軸方向の投影面積率
　　　21, 22, 39
干渉効果　　56 〜 60, 62, 63, 66,
　　69, 71, 72, 75 〜 80, 85 〜 88,
　　　　90 〜 97, 99, 101, 104
干渉問題　　　58, 63

## 【き】
基準問題　　　123
球か　　　46, 57, 58, 62, 63, 69, 71
球状介在物　　　93
極限値　　　86

## 【け】
傾向　　　106
形状比　　　60

## 【こ】
高剛性介在物　　　87
剛性比　　　91
剛体円形介在物
　　　48 〜 50, 51, 67, 73
剛体介在物　　　71
剛体球状介在物　　　53, 67
剛体だ円形介在物　　　48

## 【さ】
最大主応力　　　51

## 【す】
垂直応力　　　51

## 【せ】
正方配列　　　6
接着接合板　　　107, 123, 132
繊維強化型複合材料　　　7
せん断応力　　　51

## 【た】
体積率　　　10, 21, 22, 31, 39
体積力法　　　62, 66, 77, 97
体積力密度　　　98
だ円形介在物
　　　53, 55, 66, 72, 76
だ円孔　　　57, 60, 61, 63, 64, 71
だ円体球か　　　57
だ円体状介在物　　　46
縦弾性係数
　　　2, 10, 114, 127, 130, 131
単純重ね合わせ継手　　147, 151
弾性定数　　　109, 110, 113
弾性比　　　91

## 【ち】
千鳥配列　　　22, 24, 28
長方形介在物　　　39
長方形配列　　　22, 24, 28

## 【て】
低剛性介在物　　　87
低剛性介在物列　　　86

## 【と】
投影面積率　　　21
等価縦弾性係数
　　　3, 7, 8, 10, 13, 14, 19, 23, 28
特異応力場　　　115
　——の強さ
　　　108, 112, 116, 121, 126, 130,
　　　　　　131, 134, 143
　——の強さの限界値
　　　　　　146, 151
特異性指数
　　　97, 115, 121, 131, 150
特異積分方程式　　　98

## 【は】
パラメトリックアングル
　　　　　　53, 73
半円形円周切欠き　　　109

## 【ひ】
菱形介在物　　　96

## 【ふ】
複合則　　　3

## 【ほ】
ポアソン比　　　109, 110, 113,
　　　　　　114, 127, 130, 131

## 【み】

未知問題　123

## 【む】

無限個　61, 105

## 無次元化応力拡大係数　45, 98, 127
無次元化最大応力　45, 81

## 【よ】

横弾性係数　115

## 【り】

粒子分散型複合材料　7

## 【ろ】

六法配列　6

## 【B】

Bad pair　117, 134

## 【D】

Dundurs の複合パラメータ　111, 115, 116, 127

## 【E】

Equal pair　117

## 【G】

Good pair　117

——著者略歴——

**野田　尚昭**（のだ　なおあき）
1984 年　九州大学大学院工学研究科博士課程修了（機械工学専攻）
　　　　工学博士
1984 年　九州工業大学講師
1985 年　米国リーハイ大学客員研究員
1987 年　九州工業大学助教授
2003 年　九州工業大学教授
　　　　現在に至る

**堀田　源治**（ほった　げんじ）
1979 年　九州工業大学工学部第二部機械工学科卒業
1979 年　日本国有鉄道勤務
1985 年　株式会社メイテック勤務
1995 年　株式会社日鉄エレックス勤務
2008 年　有明工業高等専門学校教授
　　　　現在に至る
2015 年　博士（工学）（熊本大学）

**佐野　義一**（さの　よしかず）
1967 年　九州大学大学院工学研究科修士課程修了（機械工学専攻）
1967 年　日立金属株式会社勤務
1996 年　博士（工学）（九州大学）
2002 年　九州職業能力開発大学校特任教授
2004 年　九州大学学術研究員
2004 年　株式会社日立金属若松技術顧問
2010 年　九州工業大学支援研究員
2016 年　丸栄化工株式会社技術顧問
　　　　現在に至る

**髙瀬　康**（たかせ　やすし）
1993 年　九州工業大学工学部設計生産工学科卒業
2002 年　九州工業大学技術専門職員
　　　　現在に至る
2007 年　博士（工学）（九州工業大学）

異種接合材の材料力学と応力集中
Mechanics and Stress Concentration for Bonded Dissimilar Materials
　　　　　　　　　　　　　　　　　　　ⓒNoda, Hotta, Sano, Takase 2017

2017 年 5 月 17 日　初版第 1 刷発行　　　　　　　　　　　　　　　

|  |  |  |  |
|---|---|---|---|
| 検印省略 | 著　者 | 野　　田　　尚　　昭 | |
| | | 堀　　田　　源　　治 | |
| | | 佐　　野　　義　　一 | |
| | | 髙　　瀬　　　　　康 | |
| | 発 行 者 | 株式会社　コ ロ ナ 社 | |
| | | 代 表 者　牛来真也 | |
| | 印 刷 所 | 新日本印刷株式会社 | |
| | 製 本 所 | 株式会社　グ リ ー ン | |

112-0011　東京都文京区千石 4-46-10
発 行 所　株式会社　コ ロ ナ 社
CORONA PUBLISHING CO., LTD.
Tokyo Japan
振替00140-8-14844・電話(03)3941-3131(代)
ホームページ　http://www.coronasha.co.jp

ISBN 978-4-339-04652-6　C3053　Printed in Japan　　　　　　　（森岡）

　JCOPY　＜出版者著作権管理機構 委託出版物＞
本書の無断複製は著作権法上での例外を除き禁じられています．複製される場合は，そのつど事前に，
出版者著作権管理機構（電話 03-3513-6969，FAX 03-3513-6979，e-mail: info@jcopy.or.jp）の許諾を
得てください．

本書のコピー，スキャン，デジタル化等の無断複製・転載は著作権法上での例外を除き禁じられています．
購入者以外の第三者による本書の電子データ化及び電子書籍化は，いかなる場合も認めていません．
落丁・乱丁はお取替えいたします．

## コンピュータダイナミクスシリーズ

(各巻A5判，欠番は品切です)

■日本機械学会 編

| | | 頁 | 本体 |
|---|---|---|---|
| 2. 非線形系のダイナミクス<br>―非線形現象の解析入門― | 近藤・永井・矢ヶ崎<br>藪野・吉沢 共著 | 256 | 3500円 |
| 3. マルチボディダイナミクス(1)<br>―基礎理論― | 清水 信行<br>今西 悦二郎 共著 | 324 | 4500円 |
| 4. マルチボディダイナミクス(2)<br>―数値解析と実際― | 清水 信行<br>曽我部 潔 編著 | 272 | 3800円 |

## 加工プロセスシミュレーションシリーズ

(各巻A5判，CD-ROM付)

■日本塑性加工学会編

| 配本順 | | (執筆者代表) | 頁 | 本体 |
|---|---|---|---|---|
| 1.(2回) | 静的解法FEM―板成形 | 牧野内 昭武 | 300 | 4500円 |
| 2.(1回) | 静的解法FEM―バルク加工 | 森 謙一郎 | 232 | 3700円 |
| 3. | 動的陽解法FEM―3次元成形 | | | |
| 4.(3回) | 流動解析―プラスチック成形 | 中野 亮 | 272 | 4000円 |

定価は本体価格+税です．
定価は変更されることがありますのでご了承下さい．

図書目録進呈◆

# 新塑性加工技術シリーズ

(各巻A5判)

■日本塑性加工学会 編

| 配本順 | | | (執筆代表) | 頁 | 本体 |
|---|---|---|---|---|---|
| 1. | | 塑性加工の計算力学<br>―塑性力学の基礎からシミュレーションまで― | 湯川 伸樹 | | |
| 2. | (2回) | 金属材料<br>―加工技術者のための金属学の基礎と応用― | 瀬沼 武秀 | 204 | 2800円 |
| 3. | | プロセス・トライボロジー<br>―塑性加工の摩擦・潤滑・摩耗のすべて― | 中村 保 | | |
| 4. | (1回) | せん断加工<br>―プレス切断加工の基礎と活用技術― | 古閑 伸裕 | 266 | 3800円 |
| 5. | (3回) | プラスチックの加工技術<br>―材料・機械系技術者の必携版― | 松岡 信一 | 304 | 4200円 |
| 6. | (4回) | 引抜き<br>―棒線から管までのすべて― | 齋藤 賢一 | 358 | 5200円 |
| 7. | (5回) | 衝撃塑性加工<br>―衝撃エネルギーを利用した高度成形技術― | 山下 実 | 近刊 | |
| | | 接合・複合<br>―ものづくりを革新する接合技術のすべて― | 山崎 栄一 | | |
| | | 鍛造<br>―目指すは高機能ネットシェイプ― | 北村 憲彦 | | |
| | | 圧延<br>―ロールによる板・棒線・管・形材の製造― | 宇都宮 裕 | | |
| | | 板材のプレス成形<br>―曲げ・絞りの基礎と応用― | 高橋 進 | | |
| | | 回転成形<br>―転造とスピニングの基礎と応用― | 川井 謙一 | | |
| | | 押出し<br>―基礎から高機能付加成形まで― | 星野 倫彦 | | |
| | | チューブフォーミング<br>―軽量化と高機能化の管材二次加工― | 栗山 幸久 | | |
| | | 矯正加工<br>―板・棒・線・形・管材矯正の基礎と応用― | 前田 恭志 | | |
| | | 粉末成形<br>―粉末加工による機能と形状のつくり込み― | 磯西 和夫 | | |

定価は本体価格+税です。
定価は変更されることがありますのでご了承下さい。

図書目録進呈◆

# 機械系 大学講義シリーズ

（各巻A5判，欠番は品切です）

■編集委員長　藤井澄二
■編集委員　臼井英治・大路清嗣・大橋秀雄・岡村弘之
　　　　　　黒崎晏夫・下郷太郎・田島清灝・得丸英勝

| 配本順 | | | 著者 | 頁 | 本体 |
|---|---|---|---|---|---|
| 1. | (21回) | 材　料　力　学 | 西谷弘信著 | 190 | 2300円 |
| 3. | (3回) | 弾　性　学 | 阿部・関根共著 | 174 | 2300円 |
| 5. | (27回) | 材　料　強　度 | 大路・中井共著 | 222 | 2800円 |
| 6. | (6回) | 機　械　材　料　学 | 須藤一著 | 198 | 2500円 |
| 9. | (17回) | コンピュータ機械工学 | 矢川・金山共著 | 170 | 2000円 |
| 10. | (5回) | 機　械　力　学 | 三輪・坂田共著 | 210 | 2300円 |
| 11. | (24回) | 振　動　学 | 下郷・田島共著 | 204 | 2500円 |
| 12. | (26回) | 改訂　機　構　学 | 安田仁彦著 | 244 | 2800円 |
| 13. | (18回) | 流体力学の基礎（1） | 中林・伊藤・鬼頭共著 | 186 | 2200円 |
| 14. | (19回) | 流体力学の基礎（2） | 中林・伊藤・鬼頭共著 | 196 | 2300円 |
| 15. | (16回) | 流　体　機　械　の　基　礎 | 井上・鎌田共著 | 232 | 2500円 |
| 17. | (13回) | 工　業　熱　力　学（1） | 伊藤・山下共著 | 240 | 2700円 |
| 18. | (20回) | 工　業　熱　力　学（2） | 伊藤猛宏著 | 302 | 3300円 |
| 19. | (7回) | 燃　焼　工　学 | 大竹・藤原共著 | 226 | 2700円 |
| 20. | (28回) | 伝　熱　工　学 | 黒崎・佐藤共著 | 218 | 3000円 |
| 21. | (14回) | 蒸　気　原　動　機 | 谷口・工藤共著 | 228 | 2700円 |
| 22. | | 原子力エネルギー工学 | 有冨・齊藤共著 | | |
| 23. | (23回) | 改訂　内　燃　機　関 | 廣安・寳諸・大山共著 | 240 | 3000円 |
| 24. | (11回) | 溶　融　加　工　学 | 大・中・荒木共著 | 268 | 3000円 |
| 25. | (25回) | 工作機械工学（改訂版） | 伊東・森脇共著 | 254 | 2800円 |
| 27. | (4回) | 機　械　加　工　学 | 中島・鳴瀧共著 | 242 | 2800円 |
| 28. | (12回) | 生　産　工　学 | 岩田・中沢共著 | 210 | 2500円 |
| 29. | (10回) | 制　御　工　学 | 須田信英著 | 268 | 2800円 |
| 30. | | 計　測　工　学 | 山本・宮城・臼田共著　高辻・榊原 | | |
| 31. | (22回) | シ　ス　テ　ム　工　学 | 足立・酒井・髙橋・飯國共著 | 224 | 2700円 |

定価は本体価格＋税です。
定価は変更されることがありますのでご了承下さい。

◆図書目録進呈◆

# 機械系教科書シリーズ

(各巻A5判，欠番は品切です)

■編集委員長　木本恭司
■幹　　　事　平井三友
■編集委員　青木　繁・阪部俊也・丸茂榮佑

| 配本順 | | | | 頁 | 本体 |
|---|---|---|---|---|---|
| 1. | (12回) | 機械工学概論 | 木本　恭司 編著 | 236 | 2800円 |
| 2. | (1回) | 機械系の電気工学 | 深野　あづさ 著 | 188 | 2400円 |
| 3. | (20回) | 機械工作法(増補) | 平井三友・和田任弘・塚田忠夫 共著 | 208 | 2500円 |
| 4. | (3回) | 機械設計法 | 朝比奈奎一・黒山口健正・古川井克徳・吉荒誠志恵・浜斎己洋蔵 共著 | 264 | 3400円 |
| 5. | (4回) | システム工学 | 久保徳恵 共著 | 216 | 2700円 |
| 6. | (5回) | 材料学 | 樫原恵 共著 | 218 | 2600円 |
| 7. | (6回) | 問題解決のための Cプログラミング | 佐中　藤村 次理一　男郎 共著 | 218 | 2600円 |
| 8. | (7回) | 計測工学 | 前押田良昭 至州啓郎 共著 | 220 | 2700円 |
| 9. | (8回) | 機械系の工業英語 | 木村田野水雅秀之 押牧生高阪橋部雄也 共著 | 210 | 2500円 |
| 10. | (10回) | 機械系の電子回路 | 丸木藪本晴俊榮忠恭 共著 | 184 | 2300円 |
| 11. | (9回) | 工業熱力学 | 伊藤田本崎 民恭友光紀雅彦 共著 | 254 | 3000円 |
| 12. | (11回) | 数値計算法 | 井山坂坂田明本口石村山内 民恭友光紀雅彦司悼男紀雄彦 共著 | 170 | 2200円 |
| 13. | (13回) | 熱エネルギー・環境保全の工学 | | 240 | 2900円 |
| 15. | (15回) | 流体の力学 | | 208 | 2500円 |
| 16. | (16回) | 精密加工学 | 田明口石村山 紘剛夫誠 共著 | 200 | 2400円 |
| 17. | (30回) | 工業力学(改訂版) | 吉米内山 共著 | 240 | 2800円 |
| 18. | (18回) | 機械力学 | 青木　繁 著 | 190 | 2400円 |
| 19. | (29回) | 材料力学(改訂版) | 中島　正貴 著 | 216 | 2700円 |
| 20. | (21回) | 熱機関工学 | 越老吉阪飯早榛矢重 智固本部田川野松小丸境本位田川 敏潔隆俊賢恭弘順洋勝榮佑彰光健郎夫 共著 | 206 | 2600円 |
| 21. | (22回) | 自動制御 | | 176 | 2300円 |
| 22. | (23回) | ロボット工学 | | 208 | 2600円 |
| 23. | (24回) | 機構学 | | 202 | 2600円 |
| 24. | (25回) | 流体機械工学 | 小池　勝 著 | 172 | 2300円 |
| 25. | (26回) | 伝熱工学 | 丸茂矢尾牧野 榮佑秀 共著 | 232 | 3000円 |
| 26. | (27回) | 材料強度学 | 境田　彰芳 編著 | 200 | 2600円 |
| 27. | (28回) | 生産工学 —ものづくりマネジメント工学— | 本位田皆川 光重健郎 共著 | 176 | 2300円 |
| 28. | | CAD／CAM | 望月達也 著 | | |

定価は本体価格+税です。
定価は変更されることがありますのでご了承下さい。

◆図書目録進呈◆

# シミュレーション辞典

日本シミュレーション学会 編
A5判／452頁／本体9,000円／上製・箱入り

- ◆編集委員長　大石進一（早稲田大学）
- ◆分野主査　山崎　憲（日本大学）,寒川　光（芝浦工業大学）,萩原一郎（東京工業大学）,
矢部邦明（東京電力株式会社）,小野　治（明治大学）,古田一雄（東京大学）,
小山田耕二（京都大学）,佐藤拓朗（早稲田大学）
- ◆分野幹事　奥田洋司（東京大学）,宮本良之（産業技術総合研究所）,
小俣　透（東京工業大学）,勝野　徹（富士電機株式会社）,
岡田英史（慶應義塾大学）,和泉　潔（東京大学）,岡本孝司（東京大学）

（編集委員会発足当時）

シミュレーションの内容を共通基礎，電気・電子，機械，環境・エネルギー，生命・医療・福祉，人間・社会，可視化，通信ネットワークの8つに区分し，シミュレーションの学理と技術に関する広範囲の内容について，1ページを1項目として約380項目をまとめた．

- Ⅰ　共通基礎（数学基礎／数値解析／物理基礎／計測・制御／計算機システム）
- Ⅱ　電気・電子（音　響／材　料／ナノテクノロジー／電磁界解析／VLSI設計）
- Ⅲ　機　械（材料力学・機械材料・材料加工／流体力学・熱工学／機械力学・計測制御・生産システム／機素潤滑・ロボティクス・メカトロニクス／計算力学・設計工学・感性工学・最適化／宇宙工学・交通物流）
- Ⅳ　環境・エネルギー（地域・地球環境／防　災／エネルギー／都市計画）
- Ⅴ　生命・医療・福祉（生命システム／生命情報／生体材料／医　療／福祉機械）
- Ⅵ　人間・社会（認知・行動／社会システム／経済・金融／経営・生産／リスク・信頼性／学習・教育／共　通）
- Ⅶ　可視化（情報可視化／ビジュアルデータマイニング／ボリューム可視化／バーチャルリアリティ／シミュレーションベース可視化／シミュレーション検証のための可視化）
- Ⅷ　通信ネットワーク（ネットワーク／無線ネットワーク／通信方式）

## 本書の特徴

1. シミュレータのブラックボックス化に対処できるように，何をどのような原理でシミュレートしているかがわかることを目指している．そのために，数学と物理の基礎にまで立ち返って解説している．
2. 各中項目は，その項目の基礎的事項をまとめており，1ページという簡潔さでその項目の標準的な内容を提供している．
3. 各分野の導入解説として「分野・部門の手引き」を供し，ハンドブックとしての使用にも耐えうること，すなわち，その導入解説に記される項目をピックアップして読むことで，その分野の体系的な知識が身につくように配慮している．
4. 広範なシミュレーション分野を総合的に俯瞰することに注力している．広範な分野を総合的に俯瞰することによって，予想もしなかった分野へ読者を招待することも意図している．

定価は本体価格+税です．
定価は変更されることがありますのでご了承下さい．

図書目録進呈◆

*塑性加工全般を網羅した！*

# 塑性加工便覧
## CD-ROM付

**日本塑性加工学会 編**

B5判/1 194頁/本体36 000円/上製・箱入り

━━━━━━━━━━━━━━━ 編集機構 ━━━━━━━━━━━━━━━

- ■ 出版部会 部会長　　近藤　一義
- ■ 出版部会 幹　事　　石川　孝司
- ■ 執 筆 責 任 者　　青木　勇　　　小豆島　明　　阿髙　松男　　池　　浩
  　　（五十音順）　　井関日出男　　上野　恵尉　　上野　隆　　　遠藤　順一
  　　　　　　　　　　川井　謙一　　木内　學　　　後藤　學　　　早乙女康典
  　　　　　　　　　　田中　繁一　　団野　敦　　　中村　保　　　根岸　秀明
  　　　　　　　　　　林　　央　　　福岡新五郎　　淵澤　定克　　益居　健
  　　　　　　　　　　松岡　信一　　真鍋　健一　　三木　武司　　水沼　晋
  　　　　　　　　　　村川　正夫

塑性加工分野の学問・技術に関する膨大かつ貴重な資料を，学会の分科会で活躍中の研究者，技術者から選定した執筆者が，機能的かつ利便性に富むものとして役立て，さらにその先を読み解く資料へとつながる役割を持つように記述した．

## 主要目次

| | |
|---|---|
| 1．総　　　　論 | 12．ロ ー ル 成 形 |
| 2．圧　　　　延 | 13．チューブフォーミング |
| 3．押　出　し | 14．高エネルギー速度加工法 |
| 4．引 抜 き 加 工 | 15．プラスチックの成形加工 |
| 5．鍛　　　　造 | 16．粉　　　　末 |
| 6．転　　　　造 | 17．接 合 ・ 複 合 |
| 7．せ　ん　断 | 18．新加工・特殊加工 |
| 8．板 材 成 形 | 19．加 工 シ ス テ ム |
| 9．曲　　　げ | 20．塑性加工の理論 |
| 10．矯　　　　正 | 21．材 料 の 特 性 |
| 11．ス ピ ニ ン グ | 22．塑性加工のトライボロジー |

定価は本体価格+税です．
定価は変更されることがありますのでご了承下さい．

図書目録進呈◆